Charles Darwin

DIE BILDUNG DER ACKERERDE DURCH DIE TÄTIGKEIT DER WÜRMER

mit Beobachtung über deren Lebensweise

GEGRÜNDET
1999

Charles Darwin

DIE BILDUNG DER ACKERERDE DURCH DIE TÄTIGKEIT DER WÜRMER

mit Beobachtung über deren Lebensweise

Czernin Verlag, Wien

Gedruckt mit Unterstützung der Kulturabteilung der Stadt Wien, Wissenschafts- und Forschungsförderung

Darwin, Charles: Die Bildung der Ackererde durch die Tätigkeit der Würmer mit Beobachtung über deren Lebensweise / Charles Darwin
Herausgegeben von Benedikt Föger
Wien: Czernin Verlag 2020
ISBN: 978-3-7076-0696-6

Die Originalausgabe erschien erstmals 1881 unter dem Titel »The formation of vegetable mould, through the action of worms with observations on their habits« im John Murray Verlag (London), die deutsche Übersetzung von Julius Victor Carus erschien 1882 in der E. Schweizerbart'schen Verlagsbuchhandlung (Stuttgart).
Der Text wurde zur besseren Lesbarkeit an die aktuelle Rechtschreibung angepasst.

Umschlaggestaltung und Satz: Mirjam Riepl
Autorenfoto: Wikicommons, Julia Margaret Cameron
Druck: Finidr
ISBN: 978-3-7076-0696-6
ISBN E-Book: 978-3-7076-0697-3

Inhalt.

Einleitung.

Der Gegenstand des vorliegenden Bandes ist der Anteil, welchen Würmer an der Bildung jener Schicht von Ackererde gehabt haben, welche die ganze Oberfläche der Erde in jedem mäßig feuchten Land bedeckt. Diese Ackererde ist meistens von einer schwärzlichen Farbe und einige wenige Zoll dick. Sie ist in verschiedenen Bezirken nur wenig im Aussehen verschieden, obschon sie auf verschiedenem Untergrund ruhen kann. Die gleichartige Feinheit der Teilchen, aus welcher sie zusammengesetzt ist, ist einer ihrer hauptsächlich charakteristischen Züge; dies ist in einer jeden kiesreichen Gegend gut zu beobachten, wo ein neuerdings gepflügtes Feld unmittelbar an ein Stück Land anstößt, welches lange als Weide ungestört gelassen worden und wo die Ackererde an den Seiten einer Grube oder Höhlung exponiert ist. Man könnte den Gegenstand für einen bedeutungslosen halten; doch werden wir sehen, dass er ziemliches Interesse besitzt; auch ist der Grundsatz »de minimis lex non curat« nicht auf die Wissenschaft anwendbar. Selbst Élie de Beaumont, welcher gewöhnlich kleine Ursachen und ihre gehäuften Wirkungen unterschätzt, bemerkt »la couche très-mince de la terre végétale est un monument d'une haute antiquité, et, par le fait de sa permanence, un objet digne d'occuper le géologue, et capable de lui fournir des remarques intéressantes«[1]. Obgleich die oberflächliche Schicht von Ackererde als ein Ganzes ohne Zweifel von dem höchsten Alter ist, so werden wir doch, was ihre Beständigkeit betrifft, Gründe zur Annahme kennenlernen, dass die sie zusammensetzenden Teilchen in den meisten Fällen mit einer nicht sehr geringen Geschwindigkeit entfernt und infolge der Zersetzung des darunterliegenden Materials durch andere ersetzt werden.

Da ich veranlasst war, während vieler Monate in meinem Arbeitszimmer Würmer in mit Erde gefüllten Töpfen zu halten, so fing ich an, mich für sie zu interessieren und wünschte zu erfahren, inwieweit sie bewusst handelten und wie viel geistiges Vermögen sie entfalteten. Ich war um so begieriger, etwas über diesen Punkt zu erfahren, da, soviel mir bekannt ist, nur wenige Beobachtungen dieser Art an Tieren angestellt worden sind, welche auf einer so niedrigen Organisationsstufe stehen und so ärmlich mit Sinnesorganen ausgerüstet sind, wie die Regenwürmer.

Im Jahr 1837 las ich eine kurze Abhandlung vor der geologischen Gesellschaft in London »über die Bildung der Ackererde«[2], in welcher nachgewiesen wurde, dass kleine Fragmente von gebranntem Mergel, Schlacken etc., welche dick über die Oberfläche mehrerer Wiesen gestreut worden waren, nach Verlauf weniger Jahre in der Tiefe von einigen Zoll unter dem Rasen liegend, aber noch immer eine Schicht bildend, gefunden wurden. Dieses anscheinende Einsinken oberflächlicher Gegenstände ist, wie Mr. Wedgwood von Maer Hall in

1 Leçons de Géologie pratique, T. 1. 1845. S. 140.

2 Transactions Geolog. Soc. London, Bd. 5, S. 505. Gelesen am 1. Nov. 1837. Übersetzt in: Kleinere geolog. Abhandlungen. (Gesamm. Werke, 12. Bd. 2. Abt.) 1878. S. 93–98.

Staffordshire zuerst als Vermutung gegen mich äußerte, eine Folge der großen Menge feiner Erde, welche beständig von den Würmern in der Form ihrer zylindrischen Exkremente an die Oberfläche gebracht wird. Diese Exkremente werden früher oder später ausgebreitet und bedecken einen jeden auf der Oberfläche liegen gelassenen Gegenstand. Ich wurde hierdurch zu der Folgerung geführt, dass die ganze Ackererde über das ganze Land hin schon viele Male durch die Verdauungskanäle der Würmer gegangen ist und noch viele Male durchgehen wird. Es würde daher der Ausdruck »tierische Ackererde« in manchen Beziehungen zutreffender sein als der gewöhnlich gebrauchte »vegetabilische Ackererde«.

Zehn Jahre nach der Veröffentlichung meines Aufsatzes schrieb Mr. D'Archiac, offenbar durch die Lehren Élie de Beaumomts beeinflusst, über meine »singulière théorie« und wandte dagegen ein, dass sie nur auf »les prairies basses et humides« anwendbar sei und dass »les terres labourées, les bois, les prairies élevées, n'apportent aucune preuve à l'appui de cette manière de voir«[3]. Mr. D'Archiac muss aber nach innerer Anschauung, und nicht nach Beobachtung zu diesen Betrachtungen gekommen sein; denn in Gemüsegärten, wo die Erde beständig umgearbeitet wird, sind Würmer in einem außerordentlichen Grade häufig, obgleich sie in derartiger lockerer Erde meistens ihre Exkremente in jede offene Höhlung oder innerhalb ihrer alten Röhren ablegen, anstatt auf die Oberfläche. Victor Hensen glaubt nach Schätzungen, dass in Gärten ungefähr zweimal so viele Würmer enthalten sind als in Getreidefeldern.[4] Was die »prairies

3 Histoire des progrès de la Géologie, T. I. 1847. S. 224.

4 Zeitschrift für wiss. Zoologie. 28. Bd. 1877. S. 361.

élevées« betrifft, so weiß ich nicht, wie sich die Sache in Frankreich verhalten mag; in England aber habe ich den Boden nirgends so dicht mit Wurmexkrementen bedeckt gesehen als auf Weideangern, in der Höhe von mehreren hundert Fuß über dem Meere. Wenn ferner in Wäldern die losen Blätter im Herbst entfernt werden, so wird man finden, dass die ganze Oberfläche mit Wurmexkrementen überstreut ist. Dr. King, der Superintendent des botanischen Gartens in Kalkutta, dessen Freundlichkeit ich viele Beobachtungen über Regenwürmer verdanke, teilt mir mit, dass er in der Nähe von Nancy in Frankreich den Boden der Staatsforste über viele Acker Land mit einer aus abgestorbenen Blättern und zahllosen Wurmexkrementen zusammengesetzten schwammigen Schicht bedeckt gefunden hat. Er hörte dort, wie der Professor des »Aménagement des forêts« in einer Vorlesung hierüber zu seinen Zuhörern sprach und dies als einen Fall anführte »eines wundervollen Beispiels der natürlichen Kultur des Bodens; denn Jahr auf Jahr bedecken die ausgeworfenen Wurmexkremente die abgestorbenen Blätter und das Resultat ist ein reicher Humus von großer Dicke«.

Im Jahr 1869 verwarf Mr. Fish[5] meine Folgerungen in Bezug auf die Rolle, welche Würmer in der Bildung der Ackererde gespielt haben, und zwar bloß wegen ihrer vermeintlichen Unfähigkeit, eine derartige Arbeit zu verrichten. Er bemerkt, »in Anbetracht ihrer Schwäche und ihrer geringen Größe wäre die Arbeit, welche sie nach jener Darstellung geleistet haben sollen, ganz erstaunlich«. Wir haben hier wieder ein Beispiel von jener Unfähigkeit, die Wirkungen einer beständig wiederkehrenden Ursache zu summieren, welche schon oft den Fortschritt

5 Gardeners' Chronicle, Apr. 17. 1869. S. 418.

der Wissenschaft aufgehalten hat, wie es früher in der Geologie der Fall war und neuerdings in Bezug auf den Grundsatz der Entwicklung.

Obgleich diese verschiedenen Einwürfe mir kein Gewicht zu haben schienen, entschloss ich mich doch, noch mehr Beobachtungen derselben Art wie die bereits veröffentlichten anzustellen und das Problem noch von einer anderen Seite anzugreifen, nämlich sämtliche innerhalb einer gegebenen Zeit auf einem abgemessenen Raum aufgeworfenen Wurmexkremente zu wiegen, anstatt die Geschwindigkeit zu ermitteln, mit welcher auf der Oberfläche liegen gelassene Gegenstände von Würmern eingegraben werden. Einige meiner Beobachtungen sind aber durch einen ausgezeichneten Aufsatz von Victor Hensen, den ich bereits erwähnt habe und welcher im Jahr 1877 erschien, beinahe überflüssig geworden. Ehe ich auf die Einzelheiten in Bezug auf die Wurmexkremente eingehe, wird es zweckmäßig sein, eine Darstellung der Lebensweise der Würmer nach meinen eigenen Beobachtungen sowie nach denen anderer Naturforscher zu geben.

Erstes Kapitel.

Lebensweise der Würmer.

Beschaffenheit der von ihnen bewohnten Orte. | Können lange unter Wasser leben. | Sind Nachttiere. | Wandern des Nachts umher. | Liegen häufig dicht an den Mündungen ihrer Röhren und werden daher in großer Zahl von Vögeln zerstört. | Ihr Bau. | Sie besitzen keine Augen, können aber zwischen Licht und Dunkelheit unterscheiden. | Ziehen sich, wenn hell beleuchtet, schnell zurück, nicht durch eine Reflextätigkeit. | Vermögen der Aufmerksamkeit. | Empfindlichkeit gegen Wärme und Kälte. | Sind vollständig taub. | Sind empfindlich für Schwingungen und für Berührung. | Schwaches Geruchsvermögen. | Geschmack. | Geistige Eigenschaften. | Natur der Nahrung. | Sind omnivor. | Ihre Verdauung. | Die Blätter werden, ehe sie verschluckt werden, mit einer Flüssigkeit von der Natur des pankreatischen Saftes befeuchtet. | Verdauung außerhalb des Magens. | Struktur der Kalk führenden Drüsen. | Kalkige Konkretionen, in dem vorderen Drüsenpaar gebildet. | Die kalkige Masse ist zunächst ein Exkret, dient aber an zweiter Stelle dazu, die während des Verdauungsprozesses erzeugten Säuren zu neutralisieren.

Regenwürmer sind unter der Form weniger Gattungen, welche äußerlich einander sehr ähnlich sind, über die ganze Erde verbreitet. Die britischen Arten von *Lumbricus* sind niemals monographisch beschrieben worden; wir können aber ihre wahrscheinliche Zahl nach denjenigen beurteilen, welche benachbarte Länder bewohnen. In

Skandinavien finden sich nach der Angabe von Eisen[6] acht Arten; aber zwei von diesen bohren nur selten in der Erde, und eine davon bewohnt sehr feuchte Orte oder lebt selbst im Wasser. Wir haben es hier nur mit den Arten zu tun, welche Erde in der Form ihrer wie Darmausgüsse erscheinenden Exkremente an die Oberfläche bringen. Hoffmeister sagt, dass die Arten in Deutschland nicht gehörig bekannt seien, gibt aber dieselbe Anzahl wie Eisen an, außerdem aber noch einige scharf gezeichnete Varietäten[7].

Regenwürmer finden sich in England an vielen verschiedenen Standorten außerordentlich häufig. Man kann ihre Darmausgüsse in ganz außerordentlicher Anzahl auf Angerflächen und Kreidedünen sehen, sodass sie beinahe die ganze Fläche bedecken, wo der Boden mager und das Gras kurz und dünn ist. Sie sind aber beinahe oder völlig so zahlreich in einigen von den London Parks, wo das Gras gut wächst und der Boden reich zu sein scheint. Selbst auf ein und demselben Feld sind die Würmer an einigen Stellen viel zahlreicher als an anderen, ohne irgendeine sichtbare Verschiedenheit in der Beschaffenheit des Bodens. Sie sind äußerst häufig in gepflasterten Höfen dicht bei Häusern; und ein Fall wird angeführt werden, in welchem sie durch den Boden eines sehr feuchten Kellers gebohrt hatten. Ich habe Würmer in schwarzem Torf auf einem sumpfigen Feld gesehen; sie sind aber äußerst selten oder fehlen vollständig in dem trockeneren, braunen faserigen Torf, welcher von den Gärtnern so sehr geschätzt wird. Auf trockenen, sandigen

6 Bidrag till Skandinaviens Oligochaetfauna. 1871.

7 Die bis jetzt bekannten Arten aus der Familie der Regenwürmer. Braunschweig, 1845.

oder kiesigen Strecken, wo nur Heide mit etwas Ginster, Farnkräuter, grobes Gras, Moos und Flechten wachsen, finden sich kaum irgendwelche Würmer. Aber in vielen Teilen von England wird, wo nur ein Fußweg eine Heide durchkreuzt, seine Oberfläche mit einem feinen kurzen Rasen bedeckt. Ob diese Veränderung in der Vegetation Folge davon ist, dass die höheren Pflanzen durch das gelegentliche Treten von Menschen und Tieren zerstört werden oder dass der Boden gelegentlich durch die Losung von Tieren gedüngt wird, weiß ich nicht.[8] Auf derartigen grasigen Fußwegen sind Wurmexkremente häufig zu sehen. Auf einer Heide in Surrey, welche sorgfältig untersucht wurde, fanden sich nur wenige Exkremente auf diesen Wegen, da wo sie stark geneigt waren; aber an den ebeneren Stellen, wo eine Schicht feiner Erde von den steileren Stellen herabgewaschen worden war und sich bis zu einer Mächtigkeit von einigen wenigen Zoll angehäuft hatte, waren Wurmexkremente äußerst zahlreich. Diese Stellen schienen von Würmern übervölkert zu sein, sodass sie gezwungen worden waren, sich bis in die Entfernung einiger weniger Fuß von den begrasten Fußwegen zu verbreiten, und hier waren ihre Darmausgüsse zwischen der Heide aufgeworfen worden; aber jenseits dieser Grenze war nicht ein einziges Exkrement zu finden. Eine, wenn auch nur dünne Schicht feiner

8 Es ist sogar etwas Grund zur Annahme vorhanden, dass Druck faktisch das Wachstum des Grases begünstigt; denn Professor Buckman, welcher über sein Wachstum in dem Versuchsgarten des Royal Agricultural College viele Beobachtungen angestellt hat, bemerkt (Gardeners Chronicle 1854, S. 619): »ein anderer Umstand bei der Kultur von Gräsern, einzeln oder in kleinen Flecken, ist die Unmöglichkeit, sie fest zu rollen oder zu treten, ohne welches kein Grasland sich gut halten kann«.

Erde, welche wahrscheinlich lange Zeit etwas Feuchtigkeit behält, ist, wie ich glaube, in allen Fällen zu ihrer Existenz notwendig; und das einfache Zusammendrücken des Bodens scheint in einem gewissen Grade günstig für sie zu sein, denn sie sind in alten Kieswegen und auf Fußwegen quer über Felder oft ungemein häufig.

Unter großen Bäumen sind während gewisser Zeiten des Jahres nur wenige Wurmexkremente zu sehen, und dies ist augenscheinlich Folge davon, dass die Feuchtigkeit durch die zahllosen Wurzeln der Bäume aus dem Boden aufgesaugt worden ist; denn nach den starken Herbstregen kann man sehen, wie derartige Plätze mit Wurmexkrementen bedeckt sind. Obgleich die meisten Gehege und Wälder viele Würmer beherbergen, so war doch in einem Wald von hohen und alten Buchen in Knole Park, unter welchen der Boden von jeder Vegetation bar war, über weite Strecken hin nicht ein einziges Wurmexkrement selbst während des Herbstes zu finden. Nichtsdestoweniger waren auf einigen mit Gras bedeckten Lichtungen und Einsprüngen, welche durch diesen Wald durchgingen, Wurmexkremente äußerst zahlreich. Auf den Bergen von Nordwales und auf den Alpen sind, wie mir mitgeteilt worden ist, Würmer an den meisten Stellen selten; und dies dürfte vielleicht Folge der dichten Nähe der darunterliegenden Gesteine sein, in welche die Würmer während des Winters sich nicht einbohren können, um dem Erfrieren zu entgehen. Dr. Mc Intosh fand indessen Wurmexkremente in einer Höhe von 1.500 Fuß auf dem Schiehallion in Schottland. Auf einigen Bergen in der Nähe von Turin von 2.000 bis 3.000 Fuß über dem Meer sind sie zahlreich, ebenso in einer bedeutenden Höhe in den Nilgiri-Bergen in Südindien und auf dem Himalaya.

Regenwürmer müssen als Landtiere betrachtet werden, obgleich sie immerhin in einem gewissen Sinn halb Wassertiere sind, wie die anderen Glieder der großen Klasse der Anneliden, zu welcher sie gehören. Mr. Perrier fand, dass, wenn sie nur eine einzige Nacht der trockenen Luft eines Zimmers ausgesetzt wurden, dies sie tötete. Andererseits hielt er mehrere große Würmer nahezu vier Monate lang vollständig im Wasser eingetaucht am Leben.[9] Während des Sommers, wenn der Boden trocken ist, dringen sie in eine beträchtliche Tiefe ein und hören zu arbeiten auf, wie sie es auch während des Winters tun, wenn der Boden gefroren ist. Würmer sind in ihrer Lebensweise nächtlich, und man kann sie des Nachts in großer Zahl umherkriechen sehen, gewöhnlich aber noch mit ihren Schwänzen in ihren Röhren steckend. Durch die Ausdehnung dieses Teils ihrer Körper und mithilfe der kurzen leicht rückwärts gebogenen Borsten, mit denen ihre Körper bewaffnet sind, halten sie sich so fest, dass sie selten aus dem Boden herausgezogen werden können, ohne in Stücke zerrissen zu werden.[10] Während des Tages bleiben sie in ihren Röhren, ausgenommen zur Paarungszeit, wo diejenigen, welche benachbarte Höhlen bewohnen, mit dem größeren Teil ihrer Körper eine oder zwei Stunden lang am frühen Morgen herauskommen. Kranke Individuen, welche meistens von den

9 Ich werde oft Veranlassung haben, Mr. Perriers ausgezeichnete Abhandlung »Organisation des Lombriciens terrestres« in den Archives de Zool. expérim. Tom. 3, 1874, S. 372, zu zitieren. C. J. Morren (De Lumbrici terrestris hist. nat. 1829, S. 14) fand, dass die Würmer im Sommer ein Untertauchen von fünfzehn bis zwanzig Tagen vertrugen, dass sie aber im Winter bei einer solchen Behandlung starben.

10 Morren, De Lumbrici terrestris hist. nat. 1829. S. 67.

parasitischen Larven einer Fliege heimgesucht werden, müssen auch ausgenommen werden, da sie während des Tages umherwandern und an der Oberfläche sterben. Nach starkem Regen, welcher auf trockenes Wetter folgt, sind zuweilen tote Würmer in außerordentlicher Anzahl auf dem Boden liegen zu sehen. Mr. Galton teilt mir mit, dass bei einer solchen Gelegenheit (März 1881) auf einem vier Schritt breiten Weg im Hyde Park im Mittel ein toter Wurm auf zwei und einen halben Schritt der Länge nach kam. An einer Stelle zählte er in einer Länge von sechzehn Schritten nicht weniger als 45 tote Würmer. Nach den oben mitgeteilten Tatsachen ist es nicht wahrscheinlich, dass diese Würmer ertrunken sein können; denn wenn sie ertrunken wären, würden sie in ihren Röhren umgekommen sein. Ich glaube, sie waren bereits krank, und ihr Tod wurde nur dadurch beschleunigt, dass der Boden überflutet wurde.

Es ist oft gesagt worden, dass unter gewöhnlichen Verhältnissen gesunde Würmer niemals oder sehr selten vollständig ihre Röhren des Nachts verlassen; dies ist aber ein Irrtum, wie White von Selborne schon vor langer Zeit wusste. Nach sehr starkem Regen ist am Morgen die feine Schicht Schmutz oder des sehr feinen Sandes auf Kieswegen häufig deutlich durch ihre Spuren gezeichnet. Ich habe dies von August bis Mai, beide Monate eingeschlossen, bemerkt, und es kommt wahrscheinlich während der beiden übrigen Monate des Jahres ebenfalls vor, wenn sie nass sind. Bei diesen Gelegenheiten waren überall nur sehr wenige tote Würmer zu sehen. Am 31. Januar 1881 waren nach einem lang anhaltenden und ungewöhnlich heftigen Frost mit viel Schnee, sobald Tauwetter eintrat, die Wege mit unzähligen Spuren gezeichnet. Bei einer Gelegenheit konnte man fünf Spuren zählen, welche einen Raum von nur einem Quadratzoll kreuzten. Zuweilen konnte man sie bis zu oder von den Mündungen der Röhren in den Kieswegen verfolgen, auf Entfernungen von zwischen 2 oder 3 bis zu 15 Yards. Ich habe niemals zwei Spuren gesehen, die zu derselben Röhre führten; auch ist es nicht wahrscheinlich, nach dem, was wir sofort über ihre Sinnesorgane sehen werden, dass ein Wurm sich zu seiner Röhre zurückfinden könnte, nachdem er sie einmal verlassen hat. Sie verlassen allem Anschein nach ihre Röhren zu einer Entdeckungsreise und finden auf diese Weise neue Wohnorte.

Morren gibt an,[11] dass Würmer häufig stundenlang beinahe bewegungslos dicht unter der Mündung ihrer Röhren liegen. Ich habe gelegentlich dieselbe Tatsache bei Würmern beobachtet, welche ich in Töpfen im Haus hielt, sodass beim Hinabsehen in ihre Röhren ihre Köpfe eben noch gesehen werden konnten. Wenn die ausgeworfene Erde oder der Abfall über den Röhren plötzlich entfernt wird, so sieht man sehr oft, wie sich das Ende des Wurmkörpers rapid zurückzieht. Diese Gewohnheit, nahe an der Oberfläche zu liegen, bringt ihre Zerstörung in ungeheurem Grad mit sich. Während gewisser Zeiten des Jahres ziehen an jedem Morgen die Drosseln und Amseln auf all den Lichtungen über das ganze Land hin eine erstaunliche Anzahl Würmer aus ihren Höhlen; und dies könnten sie nicht tun, wenn sie nicht dicht an der Oberfläche lägen. Es ist nicht wahrscheinlich, dass die Würmer zum Zweck frische Luft zu atmen in dieser Weise handeln, denn wir haben gesehen, dass sie eine lange Zeit unter Wasser leben können. Ich glaube, sie liegen wegen der Wärme der Oberfläche nahe, und dies besonders

11 De Lumbrici terrestris hist. nat. etc. S. 14.

des Morgens; und wir werden später finden, dass sie häufig die Mündungen ihrer Röhren mit Blättern auskleiden, allem Anschein nach, um zu verhindern, dass ihre Körper mit der kalten feuchten Erde in dichte Berührung kommen. Es wird angegeben, dass sie ihre Röhren während des Winters vollständig verschließen.

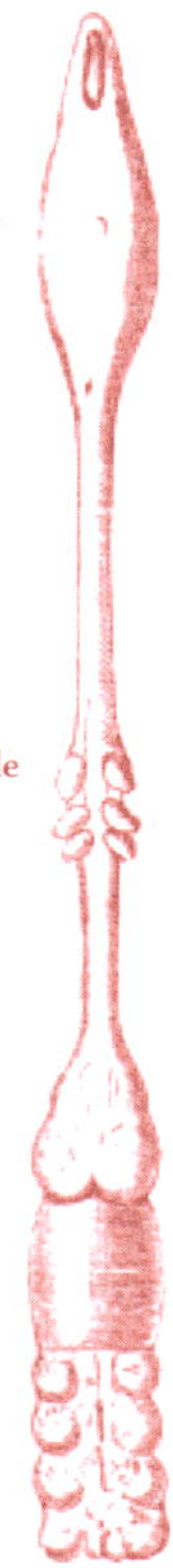

Fig. 1. Zeichnung des Verdauungskanals eines Regenwurms *(Lumbricus)*, kopiert nach Ray Lankester in Quart. Journ. of Microscop. Science, Vol. 15. N. S. pl. VII.

Bau. | Über diesen Gegenstand müssen ein paar Bemerkungen hier mitgeteilt werden. Der Körper eines großen Wurms besteht aus von 100 bis 200 beinahe zylindrischen Ringen oder Segmenten, von denen jedes mit kleinen Borsten versehen ist. Das Muskelsystem ist gut entwickelt. Würmer können ebenso gut rückwärts wie vorwärts kriechen und können sich mithilfe ihres fest haftenden Schwanzes mit außerordentlicher Geschwindigkeit in ihre Röhren zurückziehen. Der Mund liegt am vorderen Ende des Körpers und ist mit einem kleinen Vorsprung versehen (Lappen oder Lippe, wie er verschiedentlich genannt worden ist), welcher zum Ergreifen gebraucht wird. Innen findet sich hinter dem Mund ein starker Schlundkopf, wie er in der beistehenden Zeichnung (Fig. 1) dargestellt ist, welcher, wenn das Tier isst, vorgestülpt wird, und dieser Teil entspricht nach der Angabe von Perrier dem vorstülpbaren Rüssel oder der Proboscis anderer Anneliden. Der Schlundkopf führt in die Speiseröhre; am unteren Teil finden sich auf jeder Seite von dieser drei Paare großer Drüsen, welche eine überraschende Menge kohlensauren Kalks absondern. Diese Kalk führenden Drüsen sind in hohem Grad merkwürdig, denn bei keinem anderen Tier ist etwas ihnen Ähnliches bekannt worden. Ihr Gebrauch wird erörtert werden, wenn wir den Verdauungsprozess behandeln werden. In den meisten Arten ist die Speiseröhre vor dem Kaumagen in einen Kropf erweitert. Der Kaumagen ist mit einer glatten, dicken chitinigen Haut ausgekleidet und von schwachen Längs-, aber starken Quermuskeln umgeben. Perrier sah diese Muskeln in energischer Tätigkeit; und die Zerkleinerung der Nahrung muss, wie er bemerkt, hauptsächlich durch dieses Organ bewirkt werden, denn Würmer besitzen keine Kiefer oder Zähne irgendwelcher Art. Sandkörner und kleine Steinchen von 1/20 bis wenig mehr als 1/10 Zoll Durchmesser sind meistens in ihren Kaumägen und Därmen zu finden. Da es sicher ist, dass Würmer viele kleine Steinchen verschlingen, unabhängig von denen, welche sie beim Aushöhlen ihrer Röhren verschlucken, so ist es wahrscheinlich, dass dieselben wie Mühlsteine zum Zermahlen ihrer Nahrung dienen. Der Kaumagen öffnet sich in den Darm, welcher in einem geraden Verlauf zum After am hinteren Ende des Körpers geht. Der Darm bietet ein merkwürdiges Gebilde dar, die Typhlosolis oder, wie es die alten Anatomen nannten, einen Darm innerhalb des Darms; Claparède hat gezeigt,[12] dass derselbe aus einer

12 Histologische Untersuchungen über die Regenwürmer in: Zeitschrift für wiss. Zoologie, 19. Bd. 1869. S. 611.

tiefen longitudinalen Einfaltung der Darmwände besteht, durch welches Mittel eine große absorbierende Fläche gewonnen wird.

Das Zirkulationssystem ist gut entwickelt. Würmer atmen mit ihrer Haut, da sie keinerlei spezielle Respirationsorgane besitzen. Die beiden Geschlechter sind in einem und demselben Individuum vereinigt; aber es paaren sich zwei Individuen zusammen. Das Nervensystem ist ziemlich gut entwickelt, und die zwei beinahe zusammenfließenden Gehirnganglien liegen sehr nahe am vorderen Ende des Körpers.

Sinne. | Den Würmern fehlen Augen, und anfangs glaubte ich, dass sie für Licht vollständig unempfänglich seien; denn die in der Gefangenschaft gehaltenen wurden häufig mittels eines Lichtes und andere im Freien mittels einer Laterne beobachtet; und doch wurden sie nur selten beunruhigt, obschon sie äußerst furchtsame Tiere sind. Auch haben andere Personen keine Schwierigkeit gefunden, mit denselben Mitteln Würmer des Nachts zu beobachten.[13]

Indessen gibt Hoffmeister an,[14] dass die Würmer mit Ausnahme einiger weniger Individuen für Licht äußerst empfindlich sind; doch gibt er zu, dass in den meisten Fällen eine gewisse Zeit für seine Einwirkung notwendig ist. Diese Angaben veranlassten mich, die in Töpfen gehaltenen Würmer in vielen aufeinanderfolgenden Nächten zu beobachten; dieselben waren mittels Glasplatten gegen Luftzug geschützt. Ich näherte mich den Töpfen

13 So z. B. Mr. Bridgman und Mr. Newman (The Zoologist, Vol. 7. 1849. S. 2576), ebenso einige Freunde, welche in meinem Interesse Würmer beobachteten.

14 Familie der Regenwürmer. 1845. S. 18.

sehr leise, um keine Erschütterung des Bodens zu veranlassen. Wenn unter solchen Umständen Würmer mit einer Bull's-eye-Laterne beleuchtet wurden, in welcher Scheiben von dunkelblauem und rotem Glas waren, welche das Licht so stark abschwächten, dass sie nur mit ziemlicher Schwierigkeit gesehen werden konnten, so wurden sie durch eine solche Lichtmenge durchaus nicht affiziert, wie lange sie derselben auch ausgesetzt werden mochten. Soweit ich es beurteilen konnte, war das Licht heller als das des Vollmonds. Seine Farbe brachte allem Anschein nach keine Verschiedenheit im Resultat hervor. Wenn sie mit einem Licht oder selbst mit einer hellen Paraffinlampe beleuchtet wurden, so wurden sie gewöhnlich nicht gleich anfangs affiziert. Auch wurden sie es nicht, wenn das Licht abwechselnd zugelassen und ausgeschlossen wurde. Zuweilen benahmen sie sich indessen hiervon sehr verschieden; denn sobald das Licht auf sie fiel, zogen sie sich mit beinahe augenblicklicher Geschwindigkeit in ihre Löcher zurück. Dies ereignete sich vielleicht einmal unter einem Dutzend Mal. Wenn sie sich nicht augenblicklich zurückzogen, so erhoben sie häufig das vordere sich verdünnende Ende ihres Körpers vom Boden, als ob ihre Aufmerksamkeit erregt wäre oder als wenn sie Überraschung fühlten, oder sie bewegten ihren Körper von einer Seite zur anderen, als wenn sie nach einem Gegenstand tasteten. Es schien, als wenn sie das Licht störte; ich zweifle, dass dies wirklich der Fall war, denn bei zwei Gelegenheiten blieben sie, nachdem ich mich langsam zurückgezogen hatte, eine lange Zeit so liegen, dass ihr vorderes Ende ein wenig aus den Mündungen ihrer Löcher hervorragte, in welcher Stellung sie bereit waren, sich augenblicklich und vollständig zurückzuziehen.

Wenn das Licht einer Kerze mittels einer großen Linse auf das vordere Körperende konzentriert wurde, so zogen sie sich meist augenblicklich zurück; doch hatte dieses konzentrierte Licht vielleicht einmal unter einem halben Dutzend Versuchen keine Wirkung. Bei einer Gelegenheit wurde das Licht auf einen Wurm konzentriert, welcher in einer Schale unter Wasser lag, und er zog sich augenblicklich in seine Höhle zurück. In allen Fällen brachte die Dauer des Lichts, wenn es nicht ein äußerst schwaches war, einen großen Unterschied im Resultat hervor; denn Würmer, welche vor einer Paraffinlampe oder einer Kerze dem Licht ausgesetzt wurden, zogen sich ausnahmslos innerhalb von fünf bis fünfzehn Minuten in ihre Höhlen zurück; und wenn am Abend die Töpfe beleuchtet wurden, ehe die Würmer herausgekommen waren, so erschienen sie gar nicht an der Oberfläche.

Nach den vorstehenden Tatsachen ist es offenbar, dass das Licht die Würmer durch seine Intensität und durch seine Dauer affiziert. Es ist nur das vordere Ende des Körpers, wo die Gehirnganglien liegen, welches durch das Licht beeinflusst wird, wie Hoffmeister anführt und wie ich bei vielen Gelegenheiten beobachtet habe. Wenn dieser Teil beschattet wird, so können andere Teile des Körpers voll beleuchtet werden und es wird keine Wirkung erzielt. Da diese Tiere keine Augen haben, so müssen wir annehmen, dass das Licht durch ihre Haut durchtritt und in irgendeiner Weise ihre Hirnganglien reizt. Anfangs erschien es mir wahrscheinlich, dass man die verschiedene Art und Weise, in welcher sie bei verschiedenen Gelegenheiten affiziert wurden, entweder durch den Grad der Ausdehnung ihrer Haut und die davon abhängende Durchsichtigkeit derselben oder durch irgendeine besondere Art des Auffallens des Lichts erklären könne; ich konnte aber keine derartige Beziehung entdecken. Eines war offenbar, nämlich: Wenn die Würmer damit beschäftigt waren, Blätter in ihre Höhlen zu ziehen oder dieselben zu fressen, und selbst während der kurzen Intervalle, während sie von ihrer Arbeit ausruhten, nahmen sie entweder das Licht nicht wahr oder achteten nicht darauf; und dies kam sogar vor, wenn das Licht durch eine große Linse auf sie konzentriert wurde. Ferner während sie sich begatten, bleiben sie ein oder zwei Stunden außerhalb ihrer Röhren völlig dem Morgenlicht ausgesetzt; aber nach dem, was Hoffmeister sagt, hat es den Anschein, als ob das Licht gelegentlich es verursache, dass sich gepaarte Individuen voneinander trennen.

Wenn ein Wurm plötzlich beleuchtet wird und wie ein Kaninchen in seine Höhle hinabschießt – um den von einem Freunde angewendeten Ausdruck zu gebrauchen –, so werden wir zunächst darauf geführt, die Handlung als eine Reflextätigkeit anzusehen. Die Neigung der Gehirnganglien scheint gewisse Muskeln in einer ganz unvermeidlichen Weise zum Zusammenziehen zu veranlassen, unabhängig von dem Willen oder dem Bewusstsein des Tiers, als wäre es ein Automat. Aber die verschiedene Wirkung, welche ein Licht bei verschiedenen Gelegenheiten hervorbringt, und besonders die Tatsache, dass ein Wurm, wenn er in irgendeiner Weise beschäftigt ist und auch in den Intervallen einer solchen Beschäftigung, was für eine Gruppe von Muskeln und Ganglien auch dabei ins Spiel gebracht worden sein mag, häufig das Licht nicht beachtet, stehen der Ansicht entgegen, dass das plötzliche Zurückziehen eine einfache Reflextätigkeit ist. Wenn bei den höheren Tieren die gespannte Aufmerksamkeit auf irgendeinen Gegenstand zur Nichtbeachtung der Eindrücke führt, welche andere Gegenstände auf sie hervorbringen müssen, so schreiben wir dies dem zu, dass ihre Aufmerksamkeit dann absorbiert sei, und Aufmerksamkeit setzt das Vorhandensein einer Seele voraus. Jeder Jäger weiß, dass er Tiere, während sie grasen oder kämpfen oder sich den Hof machen, viel leichter beschleichen kann als zu anderen Zeiten. Auch ist der Zustand des Nervensystems der höheren Tiere zu verschiedenen Zeiten sehr verschieden: So erschrickt z. B. ein Pferd zu einer Zeit viel leichter als zu einer anderen. Der hier angewandte Vergleich zwischen den Handlungen eines der höheren Tiere und eines in der Stufenreihe so tief stehenden wie des Regenwurms, könnte weit hergeholt scheinen; denn wir legen damit dem Regenwurm Aufmerksamkeit und irgendeine geistige Fähigkeit bei. Nichtsdestoweniger kann ich keinen Grund sehen, die Richtigkeit eines solchen Vergleichs zu bezweifeln.

Obgleich man nicht sagen kann, dass die Würmer das Vermögen des Gesichts besitzen, so setzt sie doch ihre Empfindlichkeit für Licht in den Stand, zwischen Tag und Nacht zu unterscheiden; und sie entgehen hierdurch der außerordentlichen Gefahr, welche ihnen von den vielen Tagtieren droht, die Jagd auf sie machen. Ihr Zurückziehen in ihre Höhlen während des Tages scheint indessen eine gewohnheitsgemäße Handlung geworden zu sein; denn Würmer, welche in Töpfen gehalten wurden, die mit Glasplatten bedeckt (über welche Bogen schwarzen Papiers ausgebreitet waren) und vor ein Nordostfenster gestellt wurden, blieben während der Tageszeit in ihren Höhlen und kamen jede Nacht heraus. Auch fuhren sie eine Woche lang fort, sich so zu benehmen. Ohne Zweifel dürfte ein wenig Licht zwischen den Glasplatten und dem geschwärzten Papier eingedrungen sein; wir wissen aber nach den Versuchen mit gefärbtem Glas, dass Würmer gegen eine geringe Lichtmenge indifferent sind.

Würmer scheinen für eine mäßige strahlende Wärme weniger empfindlich zu sein als für ein helles Licht; ich beurteile dies danach, dass ich zu verschiedenen Zeiten ein bis zum dunkelrot Glühen erhitztes Schüreisen in die Nähe einiger Würmer gebracht habe, in einer Entfernung, welche auf meiner Hand einen sehr merkbaren Wärmegrad verursachte. Einer von ihnen nahm gar keine Notiz davon; ein zweiter zog sich in seine Höhle zurück, aber nicht schnell; der dritte und vierte zogen sich schneller zurück und der fünfte so schnell wie möglich. Das Licht einer Kerze, welches durch eine Linse konzentriert wurde und durch eine Glasplatte trat, die die meisten Wärmestrahlen zurückhielt, verursachte meistens ein viel rapideres Zurückziehen als das erhitzte Schüreisen. Würmer sind für eine niedrige Temperatur empfindlich, wie daraus zu schließen ist, dass sie während eines Frostes nicht aus ihren Röhren herauskommen.

Würmer besitzen keinerlei Gehörsinn. Sie nahmen nicht die geringste Notiz von den durchdringenden Tönen einer Metallpfeife, welche wiederholt in ihrer Nähe hervorgebracht wurden; ebenso wenig von den tiefsten und lautesten Tönen eines Fagotts. Sie verhielten sich indifferent gegen Geschrei, wenn nur Sorgfalt angewendet wurde, dass sie der Atem nicht traf. Wenn sie auf einen Tisch, dicht bei den Tasten eines Klaviers gestellt wurden, welches so laut wie möglich gespielt wurde, so blieben sie vollkommen ruhig.

Obgleich sie für Schwingungen in der Luft, die für uns hörbar sind, unempfänglich sind, so sind sie doch äußerst empfindlich für Schwingungen in jedem festen Körper.

Wenn die Töpfe, welche die zwei Würmer enthielten, die für den Klang eines Klaviers vollständig unempfindlich geblieben waren, auf dies Instrument gestellt wurden und der Ton c im Bassschlüssel angeschlagen wurde, so zogen sich beide augenblicklich in ihre Löcher zurück. Nach einiger Zeit kamen sie wieder heraus, und als nun der Ton g̿, über dem System im Violinschlüssel, angeschlagen wurde, so zogen sie sich wieder zurück. Unter ähnlichen Umständen in einer anderen Nacht fuhr ein Wurm rapid in seine Höhle, als ein sehr hoher Ton nur einmal angeschlagen wurde, ebenso der andere Wurm, als das c̄ im Violinschlüssel angeschlagen wurde. Bei dieser Gelegenheit berührten die Würmer die Seiten der Töpfe nicht, welche in Untertassen standen; die Schwingungen hatten daher, ehe sie die Körper der Würmer erreichten, durch den Resonanzboden des Klaviers, durch die Untertassen, den Boden des Topfes und die feuchte, nicht sehr kompakte Erde zu dringen, auf welcher Letzterer die Würmer mit ihren Schwänzen in ihren Höhlen lagen. Sie offenbarten häufig ihre Empfindlichkeit, wenn der Topf, in welchem sie lebten, oder der Tisch, auf welchem der Topf stand, zufällig unbedeutend angestoßen wurde, sie erschienen aber weniger empfindlich für solche Erschütterungen als für die Schwingungen des Klaviers; auch ist ihre Empfindlichkeit für Erschütterungen zu verschiedenen Zeiten sehr verschieden. Es ist häufig angegeben worden, dass, wenn der Boden geschlagen oder auf andere Weise zum Erzittern gebracht würde, die Würmer dann glaubten, dass sie von einem Maulwurf verfolgt würden und daher ihre Höhlen verließen. Ich schlug den Boden an vielen Stellen, wo Würmer äußerst zahlreich vorhanden waren, aber nicht einer kam heraus. Wenn indessen der Boden mit einer Gabel umgegraben und unterhalb eines Wurms heftig aufgewühlt wird, so kriecht er häufig schnell aus seiner Höhle.

Der ganze Körper eines Wurms ist gegen Berührung empfindlich. Ein leiser Luftstoß aus dem Munde verursacht ein augenblickliches Zurückziehen. Die über die Töpfe gelegten Glasplatten schlossen nicht dicht, und es genügte häufig, um ein rapides Zurückziehen zu veranlassen, durch die sehr engen, dabei offen bleibenden Spalten zu blasen. Sie nahmen zuweilen die Wirbel in der Luft wahr, welche durch das schnelle Entfernen der Glasplatten verursacht wurden. Wenn ein Wurm zuerst aus seiner Höhle herauskommt, so bewegt er meistens das bedeutend ausgedehnte vordere Ende seines Körpers in allen Richtungen von einer Seite zur anderen, augenscheinlich als ein Gefühlsorgan; und es ist auch, wie wir im nächsten Kapitel sehen werden, einiger Grund zur Annahme vorhanden, dass sie hierdurch in den Stand gesetzt werden, einen allgemeinen Begriff von der Form eines Gegenstandes zu erhalten. Von allen ihren Sinnen ist der des Gefühls, unter diesem Ausdruck auch die Wahrnehmung einer Schwingung miteinbegreifend, wie es scheint, der bei weitem am höchsten entwickelte.

Der Geruchssinn ist bei Würmern allem Anschein nach auf die Wahrnehmung gewisser Gerüche beschränkt und schwach. Gegen meinen Atem waren sie völlig unempfindlich, solange ich sehr ruhig auf sie atmete. Dies wurde deshalb versucht, weil es möglich schien, dass sie in dieser Weise vor der Annäherung eines Feindes gewarnt würden. Sie boten dieselbe Unempfindlichkeit gegen meinen Atem dar, während ich etwas Tabak kaute und während ich ein Bäuschchen Watte mit wenigen Tropfen von Mille-fleurs-Parfüm oder von Essigsäure in meinem Munde hielt. In Tabaksaft, in Mille-fleurs-Parfüm und in Paraffin getauchte Bäuschchen von Watte wurden mit Pinzetten gehalten und ungefähr innerhalb zwei oder drei Zoll von mehreren Würmern entfernt hin und her bewegt, aber sie nahmen keine Notiz davon. Bei einer oder zwei Gelegenheiten indessen erschienen, als Essigsäure auf die Bäuschchen gebracht worden war, die Würmer unbehaglich, und dies war wahrscheinlich eine Folge der Reizung ihrer Haut. Die Wahrnehmung solcher unnatürlicher Gerüche würde für die Würmer von keinem Nutzen sein; und da so furchtsame Geschöpfe beinahe sicher irgendein Zeichen der Wahrnehmung irgendeines neuen Eindrucks darbieten würden, so können wir schließen, dass sie diese Gerüche nicht wahrnahmen.

Das Resultat war verschieden, wenn Kohlblätter und Stückchen Zwiebel angewendet wurden, welches beides die Würmer mit viel Ergötzen verzehren. Kleine viereckige Stückchen von frischen und halb verwelkten Kohlblättern und von Zwiebeln wurden bei neun Gelegenheiten in meinen Töpfen ungefähr ¼ Zoll tief in gewöhnlicher Gartenerde eingegraben, und sie wurden immer von den Würmern entdeckt. Ein Kohlstückchen wurde im Verlauf von zwei Stunden entdeckt und entfernt; drei waren es am nächsten Morgen; das ist also nach einer einzigen Nacht, zwei andere nach zwei Nächten und das siebente Stückchen nach drei Nächten. Zwei Stückchen Zwiebel waren nach drei Nächten entdeckt und entfernt. Stücke rohen Fleisches, was die Würmer sehr lieben, wurden eingegraben und waren innerhalb von achtundvierzig Stunden nicht entdeckt, während welcher Zeit sie noch nicht faul geworden waren. Die Erde über den verschiedenen eingegrabenen Gegenständen wurde meistens nur leicht niedergedrückt, sodass das Ausströmen irgendeines Geruchs nicht verhindert wurde. Bei zwei Gelegenheiten indessen wurde die Oberfläche ordentlich begossen und wurde dadurch etwas kompakt gemacht. Nachdem die Stückchen Kohl und Zwiebel entfernt worden waren, sah ich unter ihnen nach, ob die Würmer etwa zufällig von unten heraufgekommen wären; es fand sich aber keine Spur einer Röhre; und zweimal wurden die eingegrabenen Gegenstände auf Stanniolstückchen gelegt, welche aber nicht im Mindesten aus ihrer Lage gebracht waren. Es ist natürlich möglich, dass die Würmer, während sie sich, mit ihren Schwänzen sich in den Röhren noch festhaltend, auf der Oberfläche des Bodens umherbewegten, ihre Köpfe in die Stellen hineingesteckt haben könnten, wo die oben erwähnten Gegenstände vergraben waren; ich habe aber nie gesehen, dass Würmer in dieser Weise gehandelt hätten. Einige Stücke von Kohlblättern und von Zwiebeln wurden zweimal unter sehr feinen eisenschüssigen Sand vergraben, welcher leicht niedergedrückt und ordentlich mit Wasser begossen wurde, sodass er sehr fest gemacht worden war, und diese Stücke wurden nie entdeckt. Bei einer dritten Gelegenheit wurde dieselbe Art Sand weder niedergedrückt noch begossen, und die Kohlstückchen waren nach der zweiten Nacht entdeckt und entfernt. Diese verschiedenen Tatsachen weisen darauf hin, dass die Würmer ein gewisses Geruchsvermögen besitzen und dass sie durch dies Mittel riechbare und vielverlangte Arten von Nahrung entdecken.

Es darf angenommen werden, dass alle Tiere, welche sich von verschiedenen Substanzen ernähren, den Sinn des Geschmacks besitzen, und es ist sicher bei den Würmern der Fall. Kohlblätter werden von den Würmern sehr geliebt, und es scheint, als ob sie zwischen den verschiedenen Varietäten unterscheiden könnten; dies dürfte aber vielleicht eine Folge von Verschiedenheiten in deren Textur sein. Bei elf Gelegenheiten wurden ihnen Stücke der frischen Blätter einer gewöhnlichen grünen Varietät und der zum Einmachen benutzten roten Varietät gegeben, und sie zogen die grüne vor; die rote wurde entweder gänzlich vernachlässigt oder viel weniger benagt. Bei zwei anderen Gelegenheiten indessen schienen sie die rote Varietät vorzuziehen. Halb verweste Blätter der roten Varietät und frische Blätter der grünen wurden ungefähr gleichmäßig angegriffen. Wenn Blätter vom Kohl, von Meerrettich (eine Lieblingsspeise) und von der Zwiebel zusammengegeben wurden, wurden die Letzten immer und ganz deutlich vorgezogen. Blätter von Kohl, von der Linde, *Ampelopsis,* der Pastinake und dem Sellerie *(Apium)* wurden gleichfalls zusammengegeben, und diejenigen des Selleries wurden zuerst gefressen. Wenn aber Blätter von Kohl, Rüben, Beten, Sellerie, wilder Kirsche und Karotten zusammengegeben wurden, so wurden die zwei letzteren Arten, ganz besonders die der Karotten, allen übrigen vorgezogen, mit Einschluss derjenigen des Selleries. Aus vielen Versuchen ging auch deutlich hervor, dass die Blätter der wilden Kirsche denen der Linde und des Haselstrauchs *(Corylus)* bedeutend vorgezogen wurden. Nach der Angabe von Mr. Bridgman lieben die Würmer die halb verwelkten Blätter von *Phlox verna* ganz besonders.[15]

Stücke von Kohlblättern, von Blättern von Rüben, Meerrettich und Zwiebeln wurden während 22 Tagen auf den Töpfen gelassen, alle wurden angegriffen und mussten erneuert werden; aber während dieser ganzen Zeit wurden die Blätter einer Art *Artemisia,* des Salbeis, des Thymians und der Minze, die mit den eben genannten

15 The Zoologist, Vol. 7. 1849. S. 2576.

Blättern untermengt waren, völlig vernachlässigt, mit Ausnahme der Minzblätter, welche gelegentlich und sehr unbedeutend benagt waren. Diese letzteren vier Arten Blätter weichen in ihrer Textur in keiner den Würmern möglicherweise unangenehm werdenden Weise ab; sie haben alle einen starken Geschmack, dasselbe haben aber auch die vier zuerst erwähnten Blattarten; und die große Verschiedenheit im Resultat muss dem zugeschrieben werden, dass die Würmer dem einen Geschmack einen Vorzug vor dem anderen geben.

Geistige Eigenschaften. | Über diesen Punkt ist nur wenig zu sagen. Wir haben gesehen, dass Würmer furchtsam sind. Es dürfte bezweifelt werden, ob sie, wenn sie verletzt werden, so viele Schmerzen empfinden, wie sie durch ihre Windungen auszudrücken scheinen. Nach ihrer Gier für gewisse Futterarten zu urteilen, müssen sie sich des Genusses des Fressens erfreuen. Ihre geschlechtliche Leidenschaft ist stark genug, eine Zeit lang ihre Furcht vor dem Licht zu überwinden. Sie haben vielleicht eine Spur eines sozialen Gefühls; denn sie werden nicht gestört, wenn sie einander über die Körper wegkriechen, und häufig liegen sie miteinander in Berührung. Nach der Angabe von Hoffmeister verbringen sie den Winter entweder einzeln oder mit anderen in eine Kugel zusammengerollt am Grund ihrer Röhren.[16] Obgleich die Würmer in Bezug auf die verschiedenen Sinnesorgane so merkwürdig mangelhaft ausgerüstet sind, so schließt dies doch nicht notwendig Intelligenz aus, wie wir nach solchen Fällen wie dem der Laura Bridgman wissen; und wir haben gesehen, dass sie, wenn ihre Aufmerksamkeit

---

16 Familie der Regenwürmer, S. 13.

gefesselt wird, Eindrücke vernachlässigen, auf welche sie unter anderen Umständen geachtet haben würden; und Aufmerksamkeit weist auf das Vorhandensein einer Seele von irgendwelcher Art hin. Sie werden auch zu gewissen Zeiten viel leichter erregt als zu anderen. Sie führen einige wenige Handlungen instinktiv aus, d.h. sämtliche Individuen mit Einschluss der Jungen führen derartige Handlungen in nahezu derselben Manier aus. Dies zeigt sich in der Art und Weise, in welcher die Arten von *Perichaeta* ihre Exkremente auswerfen, sodass Türmchen gebildet werden; auch in der Art und Weise, in welcher die Röhren des gemeinen Regenwurmes glatt mit feiner Erde und oft mit kleinen Steinchen und die Mündungen ihrer Röhren mit Blättern ausgekleidet werden. Einer der stärksten Instinkte ist das Verstopfen der Mündungen ihrer Röhren mit verschiedenen Gegenständen, und sehr junge Würmer handeln schon in dieser Weise. Ein gewisser Grad von Intelligenz scheint aber, wie wir in dem nächsten Kapitel sehen werden, bei dieser Arbeit dargeboten zu werden – ein Resultat, welches mich mehr überrascht hat, als irgendetwas anderes in Bezug auf die Würmer.

Nahrung und Verdauung. | Die Würmer sind omnivor. Sie verschlingen eine enorme Menge Erde, aus welcher sie jede verdauliche Substanz, die dieselbe enthalten mag, ausziehen; aber auf diesen Gegenstand muss ich noch einmal zurückkommen. Sie verzehren auch eine große Anzahl halb verwelkter Blätter aller Arten, mit Ausnahme einiger weniger, welche einen unangenehmen Geschmack haben oder für sie zu zäh sind; ebenso Blattstiele, Blütenstiele und halb verwelkte Blüten. Sie verzehren aber auch frische Blätter, wie ich nach wiederholten Versuchen gefunden habe. Nach der Angabe von Morren[17] fressen sie Stückchen Zucker und Süßholz, und die Würmer, welche ich hielt, zogen viele Stückchen trockener Stärke in ihre Löcher; und ein solches großes Stück hatte abgerundete Kanten infolge der Einwirkung der aus ihrem Mund abgesonderten Flüssigkeit. Da sie aber oft Stückchen weicherer Steinarten, wie z. B. Kreide, in ihre Löcher ziehen, so möchte ich fast bezweifeln, ob sie die Stärke als Nahrungsmittel brauchten. Stücke von rohem und geröstetem Fleisch wurden mehrere Male mit langen Nadeln in meinen Töpfen an der Oberfläche der Erde befestigt, und Nacht auf Nacht konnte man sehen, wie die Würmer an ihnen zerrten, wobei die Ränder der Stücke in ihren Mundhöhlen staken, sodass viel davon verzehrt wurde. Rohes Fett schien selbst rohem Fleisch und jeder anderen Substanz, die ihnen vorgesetzt wurde, vorgezogen zu werden, und es wurde viel davon verzehrt. Sie sind Kannibalen; denn als die zwei Hälften eines toten Wurms in zwei von den Töpfen gelegt wurden, wurden dieselben in die Wurmlöcher gezogen und benagt; soweit ich es aber beurteilen konnte, ziehen sie frisches Fleisch faulem vor, und insoweit weiche ich von Hoffmeister ab.

Leon Frédéricq gibt an,[18] dass die Verdauungsflüssigkeit der Würmer von derselben Natur ist wie das Sekret der Bauchspeicheldrüse der höheren Tiere und dieser Schluss stimmt vollkommen mit den Arten von Nahrungsmitteln überein, welche die Würmer konsumieren. Der pankreatische Saft emulgiert Fett, und wir haben soeben gesehen, wie gierig Würmer Fett verschlingen; er löst Fibrin auf, und Würmer fressen rohes Fleisch; er verwandelt Stärke

17 De Lumbrici terrestris hist. nat. etc. S. 19.

18 Archives de Zoologie expérim. T. 7. 1878. S. 394.

in Traubenzucker mit wunderbarer Schnelligkeit, und wir werden sofort sehen, dass der Verdauungssaft der Würmer auf Stärke wirkt.[19] Sie leben aber hauptsächlich von halb verwelkten Blättern, und diese würden für sie nutzlos sein, wenn sie nicht die Cellulose, welche die Zellwände bildet, verdauen könnten; denn es ist bekannt; dass alle übrigen nahrhaften Substanzen beinahe vollständig aus den Blättern entfernt werden kurz ehe sie abfallen. Es ist indessen jetzt ermittelt worden, dass Cellulose, obschon der Magensaft der höheren Tiere nur sehr wenig oder gar nicht auf dieselbe wirkt, vom pankreatischen Saft angegriffen wird.[20]

Die halb verwelkten oder frischen Blätter, welche die Würmer zu verzehren beabsichtigen, werden von ihnen in die Mündungen ihrer Röhren bis in eine Tiefe von ein bis drei Zoll gezogen und dann mit einer von ihnen abgesonderten Flüssigkeit befeuchtet. Man hat angenommen, dass diese Flüssigkeit dazu diene, ihren Zerfall zu beschleunigen; aber eine große Zahl von Blättern wurde zweimal aus den Wurmröhren herausgezogen und viele Wochen lang in einer sehr feuchten Atmosphäre unter einer Glasglocke in meinem Arbeitszimmer gehalten; und die Teile, welche von den Würmern befeuchtet worden waren, zerfielen in keiner irgend deutlichen Weise schneller als die anderen. Wenn den Würmern, die in Gefangenschaft gehalten wurden, am Abend frische Blätter gegeben und dieselben früh am nächsten Morgen untersucht wurden, daher nicht sehr viele Stunden, nachdem sie in ihre Löcher gezogen worden waren, so zeigte die Flüssigkeit,

19 Über die Wirkung des pankreatischen Fermentes s. A Text-Book of Physiology, by Michael Foster. 2. Aufl. 1878, S. 178–203.

20 Schmulewitsch, Aktion des Sucs digestifs sur la Cellulose in: Bull. Acad. Imp. St. Petersburg, T. 25. S. 549. 1879.

mit der sie befeuchtet waren, bei der Untersuchung mit neutralem Lackmuspapier eine alkalische Reaktion. Es zeigte sich wiederholt, dass dies der Fall war bei Sellerie-, Kohl- und Rübenblättern. Teile derselben Blätter, welche nicht von den Würmern befeuchtet waren, wurden mit wenigen Tropfen destillierten Wassers gestoßen und der in dieser Weise ausgezogene Saft war nicht alkalisch. Einige Blätter indessen, welche im Freien zu einer vorausgegangenen, aber nicht bekannten Zeit in die Wurmlöcher gezogen worden waren, wurden gleichfalls untersucht, und obgleich sie noch feucht waren, boten sie nur selten auch nur eine Spur einer alkalischen Reaktion dar.

Die Flüssigkeit, mit welcher die Blätter befeuchtet werden, wirkt auf sie, so lange sie frisch oder nahezu frisch sind, in einer merkwürdigen Weise; denn sie tötet und entfärbt dieselben schnell. So waren die Enden eines frischen Möhrenblattes, welches in eine Wurmröhre gezogen worden war, nach zwölf Stunden von einer dunkelbraunen Färbung. Die Flüssigkeit wirkte auf Blätter von Sellerie, Rüben, Ahorn, Ulme, Linde, auf dünne Blätter von Efeu und gelegentlich Kohlblätter in ähnlicher Weise. Das Ende eines Blattes von *Triticum repens,* das noch an der wachsenden Pflanze hing, war in eine Höhle gezogen worden, und dieser Teil war dunkelbraun und abgestorben, während das übrige Blatt noch frisch und grün war. Mehrere aus Wurmröhren ins Freie genommene Linden- und Ulmenblätter zeigten sich in verschiedenen Graden beeinflusst. Die erste Veränderung ist allem Anschein nach die, dass die Venen schmutzig rötlich-orange werden. Die Zellen mit Chlorophyll verlieren dann zunächst mehr oder weniger vollständig ihre grüne Färbung, und ihr Inhalt wird schließlich braun. Die in dieser Weise affizierten Teile erschienen häufig durch den

Lichtreflex beinahe schwarz; wurden sie aber als durchsichtiger Gegenstand unter dem Mikroskop betrachtet, so wurde an sehr kleinen Fleckchen Licht durchgelassen, und dies war an den nicht affizierten Teilen der nämlichen Blätter nicht der Fall. Diese Wirkungen zeigen indes nur, dass die abgesonderte Flüssigkeit für Blätter in hohem Grad schädlich oder giftig ist; denn nahezu die nämlichen Wirkungen wurden in einer Zeit von ein bis zwei Tagen auf verschiedene Arten junger Blätter hervorgebracht, nicht nur durch künstlichen pankreatischen Saft, welcher mit oder ohne Thymol hergestellt war, sondern auch schnell durch eine Lösung von Thymol allein. Bei einer Gelegenheit wurden Blätter von Corylus dadurch stark entfärbt, dass sie achtzehn Stunden lang in pankreatischem Saft ohne irgendwelches Thymol liegen gelassen wurden. Auf junge und zarte Blätter wirkte ein Einlegen in menschlichen Speichel während ziemlich warmen Wetters in derselben Weise wie der pankreatische Saft, aber nicht so schnell. Die Blätter wurden in allen diesen Fällen häufig mit der Flüssigkeit infiltriert.

Große Blätter von einem an einer Mauer wachsenden Efeu waren so zäh, dass sie von den Würmern nicht benagt werden konnten, aber nach vier Tagen waren sie durch die aus dem Munde der Würmer sich ergießende Absonderung in einer eigentümlichen Weise affiziert. Die oberen Flächen der Blätter, über welche die Würmer gekrochen waren, wie sich aus dem auf denselben zurückgelassenen Schmutz zeigte, waren in gewundenen Linien von einer entweder zusammenhängenden oder unterbrochenen Kette weißlicher und häufig sternförmiger Flecke von ungefähr 2 mm Durchmesser gezeichnet. Das sich hiernach ergebende Aussehen war dem eines Blattes merkwürdig gleich, in welches die Larve irgendeines minutiösen

Insektes gegraben hatte. Mein Sohn Francis aber konnte, nachdem er Schnitte gemacht und untersucht hatte, nirgends finden, dass die Zellwände durchbrochen oder die Epidermis durchlöchert gewesen wäre. Wenn der Schnitt durch die weißlichen Flecke hindurchging, sah man, dass die Chlorophyllkörner mehr oder weniger entfärbt waren, und einige der Pallisaden- und Mesophyll-Zellen enthielten nichts als zerbröckelte körnige Massen. Diese Wirkungen müssen der Transsudation der Sekretion durch die Epidermis in die Zellen zugeschrieben werden.

Die Absonderung, mit welcher die Würmer die Blätter befeuchten, wirkt gleichfalls auf die Stärkemehlkörner innerhalb der Zellen. Mein Sohn untersuchte einige Eschenblätter und viele Lindenblätter, welche von den Bäumen abgefallen waren und von den Würmern zum Teil in ihre Wurmröhren gezogen worden waren. Es ist bekannt, dass bei abgefallenen Blättern die Stärkemehlkörner in den Schutzzellen der Spaltöffnungen aufbewahrt werden. Nun war in verschiedenen Fällen das Stärkemehl zum Teil oder ganz aus diesen Zellen in den Blattteilen, welche mit jener Absonderung befeuchtet worden waren, verschwunden, während es in den anderen Teilen der nämlichen Blätter noch gut erhalten war. Zuweilen war das Stärkemehl nur in einer der beiden Schutzzellen aufgelöst. In einem Fall war der Zellkern zusammen mit den Stärkemehlkörnern verschwunden. Das bloße Vergraben von Lindenblättern in feuchter Erde für eine Zeit von neun Tagen verursachte keine Zerstörung der Stärkemehlkörner. Auf der anderen Seite führte das Einlegen frischer Linden- und Kirschblätter für achtzehn Stunden in künstlichen pankreatischen Saft zur Auflösung der Stärkemehlkörner sowohl in den Schutzzellen als in den übrigen Zellen.

Aus dem Umstand, dass die Absonderung, mit welcher die Blätter befeuchtet werden, alkalisch ist und dass sie auf beides, sowohl auf die Stärkemehlkörner als auch auf den protoplasmatischen Zellinhalt wirkt, können wir schließen, dass sie ihrem Wesen nach dem Speichel nicht ähnlich ist,[21] sondern dem pankreatischen Saft, und wir wissen durch Frédéricq, dass eine Absonderung dieser Art sich im Darm der Würmer findet. Da die Blätter, welche in die Wurmlöcher gezogen werden, häufig trocken und gerunzelt sind, so ist es, um von dem unbewaffneten Mund der Würmer zerkleinert zu werden, unumgänglich nötig, dass sie angefeuchtet und erweicht werden, und frische Blätter, wie weich und zart sie auch immer sein mögen, werden wahrscheinlich aus Gewohnheit ähnlich behandelt. Das Resultat ist, dass sie zum Teil verdaut werden, schon ehe sie in den Darmkanal aufgenommen werden. Mir ist nicht bekannt, dass irgendein anderer Fall von außerhalb des Magens stattfindender Verdauung beschrieben worden wäre. Die *Boa constrictor* überzieht ihre Beute mit Speichel; dies geschieht aber nur, um sie schlüpfrig zu machen. Die größte Analogie bieten vielleicht derartige Pflanzen dar wie *Drosera* und *Dionaea;* denn hier wird animale Substanz verdaut und in Pepton verwandelt, nicht innerhalb eines Magens, sondern auf der Oberfläche der Blätter.

Kalk führende Drüsen | Diese Drüsen (s. Fig. 1) müssen nach ihrer Größe und nach ihrem Reichtum an Blutgefäßen von großer Bedeutung für das Tier sein. Es sind aber beinahe ebenso viele Theorien über ihren Nutzen

21 Claparède zweifelt daran, dass Speichel von Würmern abgesondert wird; s. Zeitschr. für wiss. Zoologie. 19. Bd. 1869. S. 601.

vorgebracht worden als es Beobachter gegeben hat. Sie bestehen aus drei Paaren, welche im gemeinen Regenwurm sich vor dem Muskelmagen in den Darmkanal öffnen, aber bei *Urochaeta* und einigen anderen Gattungen hinter ihm.[22] Die zwei hinteren Paare werden von Blättern gebildet, welche nach der Angabe von Claparède Auftreibungen der Speiseröhre sind.[23] Diese Blätter sind mit einer weichen Zellschicht überkleidet, an welcher die äußeren Zellen in unendlicher Zahl freiliegen. Wenn eine dieser Drüsen angestochen und gedrückt wird, so tritt eine Quantität weißer markähnlicher Masse aus, welche aus diesen freien Zellen besteht. Sie sind minutiös und schwanken im Durchmesser von 2 bis 6 Mikrozoll. Sie enthalten in der Mitte ihres Inhalts ein wenig äußerst feine granulöse Substanz; sie sehen aber Fettkügelchen so ähnlich, dass Claparède und andere sie zuerst mit Äther behandelten. Dies bringt keine Wirkung hervor; sie werden aber in Essigsäure sehr schnell unter Aufbrausen gelöst, und wenn der Lösung oxalsaures Ammoniak zugesetzt wird, wird ein weißes Präzipitat niedergeschlagen. Wir dürfen daher schließen, dass sie kohlensauren Kalk enthalten. Wenn die Zellen in sehr wenig Säure gelegt werden, so werden sie durchsichtiger, schemenhaft, und werden bald aus dem Gesicht verloren; wird aber viel Säure zugesetzt, so verschwinden sie augenblicklich. Ist eine sehr große Anzahl aufgelöst worden, so bleibt ein flockiger Rückstand zurück, welcher augenscheinlich aus den zarten zerrissenen Zellwänden besteht. In den zwei hinteren Drüsenpaaren vereinigt sich der in den Zellen enthaltene kohlensaure Kalk gelegentlich zu rhombischen

---

22 Perrier in: Archives de Zoologie expérim., Juill. 1874. S. 416. 419.

23 Zeitschrift für wiss. Zoologie, 19. Bd. 1869. S. 603–606.

Kristallen oder zu Konkretionen, welche zwischen den Blättern liegen; ich habe aber nur einen Fall und Claparède nur sehr wenige derartige Fälle gesehen.

Die zwei vorderen Drüsen weichen in ihrer Gestalt ein wenig von den vier hinteren ab, dadurch dass sie mehr oval sind. Sie sind auch dadurch augenfällig verschieden, dass sie meistens mehrere kleine oder zwei oder drei größere oder eine einzige sehr große Konkretion von kohlensaurem Kalk bis zu einem Durchmesser von 1½ mm enthalten. Wenn eine Drüse nur einige wenige sehr kleine Konkretionen oder, wie es zuweilen vorkommt, gar keine enthält, so wird sie leicht übersehen. Die großen Konkretionen sind rund oder oval und äußerlich beinahe glatt. Es wurde eine gefunden, welche nicht die ganze Drüse erfüllte, sondern, wie es häufig der Fall ist, nur deren Hals, sodass sie der Gestalt nach einer Ölflasche ähnlich war. Werden diese Konkretionen zerbrochen, so sieht man, dass sie in ihrer Struktur mehr oder weniger kristallin sind. Auf welche Weise sie aus der Drüse gelangen, ist ein Wunder; dass sie aber austreten, ist gewiss; denn sie werden häufig in dem Muskelmagen, den Därmen und den Exkrementen von Würmern gefunden, sowohl bei solchen, die gefangen gehalten werden, als bei den im Naturzustand lebenden.

Claparède sagt sehr wenig über die Struktur der zwei vorderen Drüsen und er vermutet, dass die Kalksubstanz, aus welcher die Konkretionen gebildet werden, von den vier hinteren Drüsen herrührt. Wenn aber eine vordere Drüse, welche nur kleine Konkretionen enthält, in Essigsäure gelegt und später präpariert wird oder wenn Durchschnitte einer solchen Drüse gemacht werden, ohne dass dieselbe mit einer Säure behandelt worden war, so können Blätter gleich denen in den hinteren Drüsen und mit zelliger Substanz ausgekleidet zusammen mit einer Menge freier Kalk führender und leicht in Essigsäure löslicher Zellen deutlich gesehen werden. Wenn eine Drüse vollständig von einer einzigen großen Konkretion erfüllt wird, so sind keine freien Zellen vorhanden, da diese sämtlich bei der Bildung der Konkretion verwendet worden sind. Wenn aber eine derartige Konkretion oder eine von nur mäßig bedeutender Größe in Säure gelöst wird, so bleibt viel häutige Substanz zurück, welche aus den Überresten der früher tätigen Blätter zu bestehen scheint. Nach der Bildung und Ausstoßung einer großen Konkretion müssen auf irgendeine Weise neue Blätter entwickelt werden. Auf einem von meinem Sohne gemachten Durchschnitt hatte der Prozess augenscheinlich begonnen, obgleich die Drüse zwei ziemlich große Konkretionen enthielt; denn in der Nähe der Wandungen waren mehrere zylindrische und ovale Röhren eingeschaltet, welche mit zelliger Substanz ausgekleidet und vollständig mit freien Kalk führenden Zellen erfüllt waren. Eine bedeutende Vergrößerung mehrerer ovaler Röhren in einer Richtung würde ein Blatt haben entstehen lassen.

Außer den freien Kalk führenden Zellen, in welchen kein Zellkern sichtbar war, wurden bei drei Gelegenheiten andere und eher größere freie Zellen gesehen; und diese enthielten einen deutlichen Kern und ein Kernkörperchen. Essigsäure wirkte nur insoweit auf sie ein, dass der Zellkern dadurch deutlicher wurde. Aus dem Raum zwischen zwei von den Blättern innerhalb einer vorderen Drüse wurde eine sehr kleine Konkretion entfernt. Sie war in pulpöse zellige Masse mit vielen freien Kalk führenden Zellen eingebettet, zusammen mit einer Menge von den größeren freien kernhaltigen Zellen, und auf diese letzteren Zellen wirkte Essigsäure nicht ein, während die ersteren aufgelöst wurden. Durch diesen Fall und andere derartige Fälle wurde ich zu der Vermutung geführt, dass sich die Kalk führenden Zellen aus den größeren kernhaltigen entwickeln; wie dies aber bewirkt wird, wurde nicht ermittelt.

Wenn eine von den vorderen Drüsen mehrere minutiöse Konkretionen enthält, so sind einige derselben im Umriss meistens winkelig oder kristallin, während die größere Anzahl abgerundet ist, mit einer unregelmäßigen maulbeerartigen Oberfläche. Kalk führende Zellen hingen vielen Teilen dieser maulbeerartigen Massen an, und ihr allmähliches Verschwinden konnte, während sie noch haften blieben, verfolgt werden. Hieraus ging offenbar hervor, dass die Konkretionen aus dem innerhalb der freien Kalk führenden Zellen enthaltenen Kalk gebildet werden. In dem Maß, als die kleineren Konkretionen an Größe zunehmen, kommen sie miteinander in Berührung und vereinigen sich und schließen in dieser Weise die nun funktionslosen Blätter ein; durch derartige Schritte konnte die Bildung der größten Konkretionen verfolgt werden. Warum dieser Prozess regelmäßig in den zwei vorderen Drüsen stattfindet und nur selten in den vier hinteren Drüsen, ist vollkommen unbekannt. Morren sagt, dass diese Drüsen während des Winters verschwinden; und ich habe einige Beispiele dieser Tatsache gesehen, ebenso andere Fälle, in welchen entweder die vorderen oder hinteren Drüsen in dieser Jahreszeit so eingeschrumpft und leer waren, dass sie nur mit großer Schwierigkeit zu erkennen waren.

Was die Funktion der Kalk führenden Drüsen betrifft, so ist es wahrscheinlich, dass sie an erster Stelle als Exkretionsorgane dienen und an zweiter Stelle zur Unterstützung der Verdauung. Würmer verzehren viele abgefallene Blätter, und es ist bekannt, dass Kalk fortdauernd in den Blättern, bis dieselben von der Mutterpflanze abfallen, angehäuft wird, anstatt in den Stamm oder die Wurzeln wiederum absorbiert zu werden, wie es mit verschiedenen anderen organischen und anorganischen Substanzen geschieht.[24] Man hat die Erfahrung gemacht, dass die Asche eines Akazienblattes nicht weniger als 72 Prozent Kalk enthielt. Würmer würden daher dem ausgesetzt sein, mit dieser Erdart überfüllt zu werden, wenn nicht irgendein spezielles Mittel zu ihrer Abscheidung vorhanden wäre; und die Kalk führenden Drüsen sind für diesen Zweck gut angepasst. Diejenigen Würmer, welche in Humus dicht über der Kreide leben, haben ihre Därme häufig ganz mit dieser Substanz gefüllt, und ihre Exkremente sind beinahe weiß. Hier ist es offenbar, dass kalkige Substanz in großem Überschuss vorhanden ist. Nichtsdestoweniger enthielten bei mehreren an einem solchen Ort gesammelten Würmern die Kalk führenden Drüsen ebenso viele freie Kalk führende Zellen und völlig ebenso viele und so große Konkretionen wie die Drüsen von Würmern, welche an Orten lebten, wo es nur wenig oder keinen Kalk gab; und dies weist darauf hin, dass der Kalk eine Ausscheidung ist und keine Absonderung, welche sich zu irgendeinem speziellen Zweck in den Verdauungskanal ergießt.

Andererseits machen es die folgenden Betrachtungen in hohem Grad wahrscheinlich, dass der kohlensaure Kalk, welcher von den Drüsen ausgeschieden wird, den Verdauungsprozess unter gewöhnlichen Umständen unterstützt. Blätter erzeugen wegen ihres Zerfalls eine große Menge verschiedener Arten von Säuren,

---

24 De Vries, Landwirtschaftl. Jahrbücher. 1881. S. 77.

welche unter dem Ausdruck Humussäuren zusammengefasst worden sind. Wir werden auf diesen Gegenstand in unserem fünften Kapitel zurückkommen, und ich brauche hier nur anzuführen, dass diese Säuren stark auf kohlensauren Kalk wirken. Die halb verwelkten Blätter, welche von den Würmern in so großen Quantitäten verschlungen werden, dürften daher, nachdem sie im Verdauungskanal befeuchtet und zerkleinert worden sind, gern derartige Säuren erzeugen. Und bei mehreren Würmern ergab die Untersuchung mit Lackmuspapier, dass der Inhalt des Verdauungskanals deutlich sauer war. Diese saure Beschaffenheit kann nicht der Natur der Verdauungsflüssigkeit zugeschrieben werden; denn der pankreatische Saft ist alkalisch; und wir haben gesehen, dass die Absonderung, welche sich aus dem Mund der Würmer zum Zweck der Vorbereitung der Blätter zum Verzehrtwerden ergießt, gleichfalls alkalisch ist. Die saure Beschaffenheit kann kaum Folge von Harnsäure sein, da der Inhalt auch des oberen Teils des Darms häufig sauer war. In einem Fall war der Inhalt des Kaumagens unbedeutend sauer, der des oberen Teils des Darms deutlicher sauer. In einem anderen Fall war der Inhalt des Schlundkopfs nicht sauer, der des Kaumagens nur zweifelhaft, während der des Darms in einer Entfernung von 5 cm. unterhalb des Kaumagens deutlich sauer war. Selbst bei den höheren, Pflanzen fressenden und omnivoren Tieren ist der Inhalt des Dickdarms sauer. »Dies wird indessen nicht durch irgendeine saure Sekretion der Schleimhaut verursacht. Die Reaktion der Darmwände ist in dem Dickdarm ebenso wie in dem Dünndarm alkalisch; es muss daher eine Folge von sauren Gährungen sein, welche im Darminhalt selbst auftreten … Es wird angegeben, dass bei Karnivoren der Inhalt des Blinddarms alkalisch sei, und naturgemäß wird der Umfang der Gährung in großem Maße von der Beschaffenheit der Nahrung abhängen.«[25]

Bei Würmern ist nicht bloß der Inhalt ihrer Därme, sondern auch die ausgeworfene Masse oder die Exkrementrolle meistens sauer. Dreißig Exkrementmassen von verschiedenen Stellen wurden untersucht und ergaben sich mit drei oder vier Ausnahmen als sauer; und die Ausnahmen dürften Folge davon gewesen sein, dass die Exkremente nicht erst vor Kurzem ausgeworfen worden waren; denn einige, welche zuerst sauer waren, waren am folgenden Morgen, nachdem sie getrocknet und wiederum befeuchtet worden waren, nicht mehr sauer; und dies ist wahrscheinlich ein Resultat davon, dass die Humussäuren, wie es bekanntlich der Fall ist, leicht zersetzt werden. Fünf frische Exkrementrollen von Würmern, welche in Ackererde dicht über Kreide wohnen, waren von einer weißlichen Färbung und außerordentlich reich an kalkiger Substanz; und diese waren nicht im Geringsten sauer. Dies zeigt, wie wirksam kohlensaurer Kalk die Säuren des Darminhalts neutralisiert. Wenn Würmer in Töpfen gehalten wurden, welche mit feinem eisenschüssigen Sand gefüllt waren, so zeigte es sich deutlich, dass das Eisenoxid, mit welchem die Kieselkörner überzogen waren, aufgelöst und mit den Exkrementen entfernt worden war.

Die Verdauungsflüssigkeit der Würmer ist, wie bereits angegeben worden ist, in ihrer Wirkung der Absonderung des Pankreas der höheren Tiere ähnlich; und bei diesen Letzteren ist die pankreatische Verdauung wesentlich alkalisch, »der Prozess findet nicht statt, wenn nicht

25 M. Foster, A Text-Book of Physiology, 2. Aufl. 1878. S. 243.

irgendein Alkali vorhanden ist; und die Wirksamkeit eines alkalischen Saftes wird durch Ansäuerung unterbrochen und durch Neutralisation verhindert«[26]. Es scheint daher in hohem Grad wahrscheinlich zu sein, dass die unzähligen Kalk führenden Zellen, welche aus den vier hinteren Drüsen in den Verdauungskanal der Würmer ergossen werden, dazu dienen, die in diesem von den halb zersetzten Blättern erzeugten Säuren mehr oder weniger vollständig zu neutralisieren. Wir haben gesehen, dass diese Zellen von einer kleinen Quantität Essigsäure augenblicklich aufgelöst werden; und da sie nicht immer hinreichen, den Inhalt selbst nur des oberen Teils des Verdauungskanals zu neutralisieren, so wird vielleicht der Kalk in dem vorderen Drüsenpaar zu Konkretionen aggregiert, damit etwas davon in die hinteren Teile des Darmkanals gebracht werde, wo diese Konkretionen zwischen den sauren Inhaltsteilen umhergerollt werden. Die in den Därmen und in den Exkrementen gefundenen Konkretionen haben häufig ein abgenutztes Aussehen; ob dies aber Folge eines gewissen Grades von Abreibung oder von chemischer Korrosion ist, konnte nicht angegeben werden. Claparède glaubt, dass sie gebildet werden, um wie Mühlsteine zu wirken und dadurch bei der Zerkleinerung der Nahrung zu helfen. Sie können wohl in dieser Weise unterstützend wirken; ich stimme aber vollständig mit Perrier überein, dass dies von völlig untergeordneter Bedeutung sein muss, wenn wir sehen, dass dieser Zweck schon dadurch erreicht wird, dass in den Muskelmägen und Därmen der Würmer meist schon Steine vorhanden sind.

26 M. Foster, ebenda, S. 200.

Zweites Kapitel.

Lebensweise der Würmer. (Fortsetzung.)

Art und Weise, in welcher Würmer Gegenstände ergreifen. | Ihr Saugvermögen. | Der Instinkt, die Öffnungen der Röhren zu verstopfen. | Steine über den Löchern angehäuft. | Die hierdurch erlangten Vorteile. | In der Art, in welcher Würmer ihre Röhren verstopfen, entwickelte Intelligenz. | Dabei benutzte verschiedene Arten von Blättern und andere Gegenstände. | Papierdreiecke. | Zusammenfassung der Gründe zur Annahme, dass Würmer etwas Intelligenz entfalten. | Mittel, durch welche sie ihre Röhren aushöhlen, durch Fortdrücken und Verschlucken der Erde. | Erde auch wegen der darin enthaltenen nahrhaften Substanz verschluckt. | Tiefe, bis zu welcher Würmer bohren, und der Bau ihrer Röhren. | Röhren mit Exkrementen und im oberen Teil mit Blättern ausgekleidet. | Der unterste Teil mit kleinen Steinen oder Samen gepflastert. | Art und Weise, in welcher die Exkremente ausgeworfen werden. | Das Zusammenfallen alter Röhren. | Verbreitung der Würmer. | Turmartige Exkrementhaufen in Bengalen. | Riesenhafter Exkrementhaufen in den Nilgiri-Bergen. | Exkremente in allen Ländern ausgeworfen.

Auf den Töpfen, in welchen Würmer gehalten wurden, wurden Blätter mit Nadeln auf der Erde platt befestigt; des Nachts konnte nun die Art und Weise beobachtet werden, in welcher sie ergriffen wurden. Die Würmer bemühten sich stets, die Blätter nach ihren Röhren hin zu ziehen; und wenn die Blätter hinreichend zart waren, rissen oder sogen sie immer kleine Fragmente davon ab. Sie ergriffen meist den dünnen Rand eines Blattes mit dem Mund, zwischen die vorspringende Ober- und Unterlippe; zu gleicher Zeit wird, wie Perrier bemerkt, der dicke und starke Schlundkopf innerhalb des Körpers nach vorn geschoben, um für die Oberlippe einen Widerstandspunkt darzubieten. Wenn es sich um breite, glatte Gegenstände handelte, verfuhren sie in einer völlig verschiedenen Weise. Nachdem das vordere zugespitzte Ende des Körpers mit einem Gegenstand dieser Art in Berührung gebracht worden war, wurde dasselbe in die anstoßenden Körperringe zurückgezogen, sodass es abgestutzt erschien und so dick wie der übrige Körper wurde. Man konnte dann sehen, dass dieser Teil ein wenig anschwoll; und dies ist, wie ich glaube, Folge davon, dass der Schlundkopf ein wenig nach vorn geschoben wurde. Dann wurde entweder durch das Zurückziehen des Schlundkopfes oder durch dessen Ausdehnung ein luftleerer Raum unterhalb des abgestutzten schleimigen Endes des Körpers gebildet, während dasselbe noch mit dem Gegenstand in Berührung war; durch dies Mittel hingen die beiden, Körper und Gegenstand, fest mit einander zusammen.[27] Dass unter diesen Umständen ein luftleerer Raum gebildet wurde, war bei einer Gelegenheit deutlich zu sehen, wo ein unter einem welken Kohlblatt liegender großer Wurm dasselbe fortzuziehen versuchte; denn die Oberfläche des Blattes wurde direkt über dem Ende des Wurmkörpers tief grubenförmig eingezogen. Bei einer anderen Gelegenheit verlor ein Wurm plötzlich seinen Halt an einem glattliegenden Blatt; und

27 Claparède bemerkt (Zeitschr. f. wiss. Zoologie, 19. Bd. 1869. S. 602), dass der Schlundkopf seinem Bau nach zum Saugen angepasst erscheine.

nun sah man einen Augenblick lang das vordere Ende des Körpers becherförmig werden. Würmer können sich in derselben Weise an Gegenstände unter Wasser anheften; ich habe gesehen, wie einer ein unter Wasser getauchtes Scheibchen Zwiebel fortschleppte.

Häufig wurde gesehen, dass die Ränder von auf die Erde befestigten frischen oder nahezu frischen Blättern benagt wurden, und zuweilen waren die Epidermis und das ganze Parenchym auf einer Seite über eine beträchtliche Strecke hin vollständig abgenagt; nur die Epidermis der entgegengesetzten Seite war ganz rein übriggelassen. Die Venen wurden niemals angerührt, und die Blätter wurden in dieser Weise zuweilen zum Teil zu Skeletten umgewandelt. Da die Würmer keine Zähne haben und da ihr Mund aus sehr weichem Gewebe besteht, so darf angenommen werden, dass sie mittels Saugens die Ränder und das Parenchym frischer Blätter verzehren, nachdem dieselben durch die Verdauungsflüssigkeit erweicht worden sind. Derartige starke Blätter, wie die des Seekohls oder große und dicke Efeublätter, können sie nicht angreifen; doch wurde eines der letzteren Art, nachdem es gefault war, stellenweise zum Skelett gemacht.

Würmer ergreifen Blätter und andere Gegenstände nicht bloß, um als Nahrung zu dienen, sondern auch, um damit die Mündungen ihrer Röhren zu verstopfen; und dies ist einer ihrer stärksten Instinkte. Blätter und Blattstiele vieler Arten, einige Blütenstängel, häufig verdorrte Baumzweige, Stückchen Papier, Federn, Wollbüschel und Pferdehaare werden zu diesem Zweck in ihre Röhren gezogen. Ich habe nicht weniger als siebzehn Blattstiele einer *Clematis* aus der Öffnung einer Wurmröhre und zehn aus der Mündung einer anderen vorstehen sehen. Einige von diesen Gegenständen, wie die oben genannten Blattstiele, Federn u. s. w. werden niemals von den Würmern benagt. Auf einem Kiesweg in meinem Garten fand ich, dass viele Hundert Blätter einer Tannenart *(Pinus austriaca oder nigricans)* mit ihrer Basis in Wurmlöcher hineingezogen waren. Die Oberflächen, mit welchen diese nadelförmigen Blätter an die Zweige gelenkt sind, sind in einer genauso eigentümlichen Weise gestaltet wie das Gelenk zwischen den Gliedmaßenknochen eines Säugetiers; und wenn diese Flächen im Geringsten benagt worden wären, so würde diese Tatsache unmittelbar sichtbar geworden sein; es fand sich aber nicht eine Spur von Benagtsein. Von gewöhnlichen Dikotyledonenblättern werden nicht alle diejenigen, welche in Wurmlöcher gezogen sind, benagt. Ich habe nicht weniger als neun Lindenblätter in ein und dieselbe Wurmröhre gezogen gesehen, und nicht annähernd sämtliche waren benagt gewesen; derartige Blätter dürften aber als Vorräte für ein späteres Verzehrtwerden dienen. Wo abgefallene Blätter sehr reichlich vorhanden sind, werden zuweilen viel mehr über der Mündung einer Röhre angesammelt, als gebraucht werden können, sodass ein kleiner Haufen von nicht benutzten Blättern wie ein Dach über denjenigen übrig bleibt, die zum Teil in die Röhren hineingezogen sind.

Wenn ein Blatt eine kurze Strecke weit in eine zylindrische Röhre gezogen wird, so wird es notwendigerweise bedeutend gefaltet oder zerknittert. Wird noch ein anderes Blatt hineingezogen, so geschieht dies nach außen von dem zuerst hineingezogenen und so fort mit den späteren Blättern; schließlich werden sie sämtlich dicht gefaltet und aneinandergedrückt. Zuweilen vergrößert der Wurm die Mündung seiner Röhre oder macht eine frische dicht daneben, um eine noch größere Menge

Blätter hereinziehen zu können. Sie füllen die Zwischenräume zwischen den hineingezogenen Blättern häufig oder allgemein mit feuchter, klebriger, aus ihrem Körper ausgeworfener Erde aus, und in dieser Weise werden die Mündungen der Röhren ganz sicher verstopft. An vielen Stellen, besonders während der Herbst- oder ersten Wintermonate, kann man Hunderte solcher verstopfter Wurmlöcher sehen. Wie aber später noch gezeigt werden wird, werden Blätter nicht nur deshalb in die Röhren hineingezogen, um dieselbe zuzustopfen oder um als Nahrung zu dienen, sondern auch, um den oberen Teil der Mündung damit auszukleiden.

Wenn Würmer keine Blätter, Blattstiele, Zweigstückchen u. s. w., mit denen sie die Mündungen ihrer Röhren verstopfen könnten, erlangen können, schützen sie dieselben oft mit kleinen Häufchen von Steinen; und solche Häufchen glatter, abgerundeter Steinchen sind auf Kieswegen häufig zu sehen. Hier kann es sich natürlich nicht um Nahrung handeln. Eine Dame, welche sich für die Lebensweise der Würmer interessierte, entfernte die kleinen Steinhäufchen von den Mündungen der Wurmröhren und reinigte die Oberfläche der Erde auf einige Zoll ringsherum. In der nächsten Nacht ging sie mit einer Laterne hinaus und sah, wie die Würmer, während ihre Schwanzenden in den Röhren festhielten, die Steine mithilfe ihres Munds, ohne Zweifel durch Ansaugen, nach innen zogen. »Nach zwei Nächten lagen auf einigen von den Löchern 8 oder 9 kleine Steine; nach vier Nächten lagen auf einem ungefähr 30, auf einem anderen 34 Steine.«[28] Ein Stein, welcher über den Kiesweg

28 Eine Schilderung ihrer Beobachtungen ist mitgeteilt in: Gardeners' Chronicle, March 28. 1868. S. 324.

bis zur Öffnung der Röhre geschleppt worden war, wog zwei Unzen; und dies beweist, wie stark die Würmer sind. Sie offenbaren aber noch größere Kraft dadurch, dass sie zuweilen in einem festgetretenen Kiesweg Steine aus der Lage bringen; dass sie dies wirklich tun, kann daraus geschlossen werden, dass die von den aus ihrer Stellung gebrachten Steinen gelassenen Höhlungen genau von den Steinen ausgefüllt werden, welche über den Öffnungen in der Nähe befindlicher Wurmlöcher liegen, wie ich selbst beobachtet habe.

Arbeit dieser Art wird gewöhnlich des Nachts ausgeführt; ich habe aber gelegentlich auch erfahren, dass Gegenstände während des Tags in die Höhle gezogen worden sind. Was für einen Vorteil die Würmer davon haben, dass sie die Mündungen ihrer Röhren mit Blättern u. s. w. zustopfen oder dass sie Steine über denselben anhäufen, ist zweifelhaft. Zu denjenigen Zeiten, in denen sie viel Erde aus ihren Röhren auswerfen, verfahren sie nicht in dieser Weise; denn dann dienen die Exkrementrollen dazu, die Mündung zu bedecken. Wenn Gärtner die Würmer auf einem freien Platz töten wollen, so ist es notwendig, zuerst die Exkrementhaufen von der Oberfläche wegzukehren oder wegzurechen, damit das Kalkwasser in die Röhren eindringen kann.[29] Aus dieser Tatsache könnte gefolgert werden, dass die Öffnungen deshalb mit Blättern u. s. w. zugestopft werden, um bei heftigem Regen das Eindringen von Wasser zu verhüten; gegen diese Ansicht kann aber eingewendet werden, dass einige wenige, lockere, gut abgerundete Steine dazu schlecht angepasst sind, das Wasser abzuhalten. Überdies habe

29 Loudon's Gard. Mag. XVII. S. 216, zitiert in dem Catalogue of the British Museum Worms. 1865. S. 327.

ich in den senkrecht abgeschnittenen Rasenrändern an Kieswegen viele Wurmröhren gesehen, in welche kaum Wasser fließen konnte und welche doch ebenso gut verstopft waren, wie Röhren auf einer ebenen Fläche. Können die Pfröpfe oder die Steine dazu beitragen, die Röhren vor den Scolopendren zu verbergen, welche nach der Angabe von Hoffmeister[30] die bittersten Feinde der Regenwürmer sind? Oder könnten nicht Würmer, wenn sie in dieser Weise geschützt sind, imstande sein, mit Sicherheit mit ihren Köpfen dicht an den Mündungen ihrer Röhren zu bleiben, was sie bekanntlich sehr zu tun lieben, was aber so vielen von ihnen das Leben kostet? Oder dürften die Pfröpfe nicht den freien Eintritt der untersten Luftschicht verhindern, wenn dieselbe durch die Strahlung des Nachts von dem umgebenden Boden und vom Laub abgekühlt ist? Ich bin geneigt, die letzte Ansicht anzunehmen; erstens, weil Würmer, wenn sie in Töpfen in einem geheizten Zimmer gehalten wurden, in welchem Fall keine kalte Luft in die Röhren dringen konnte, die Mündungen derselben in einer liederlichen Weise zustopften und zweitens, weil sie häufig den oberen Teil ihrer Röhren mit Blättern auskleiden, augenscheinlich um zu verhüten, dass ihr Körper mit der kalten feuchten Erde in dichte Berührung komme. Es kann aber auch der Prozess des Verstopfens vielleicht sämtlichen oben erwähnten Zwecken dienen.

Was das Motiv auch sein mag, allem Anschein nach haben die Würmer es durchaus nicht gern, die Mündungen ihrer Röhren offen zu lassen. Nichtsdestoweniger öffnen sie dieselben wiederum des Nachts, mögen sie dieselben später wieder schließen können oder nicht. Auf

30 Familie der Regenwürmer. S. 19.

frisch gegrabenem Boden kann man zahlreiche offene Röhren sehen, denn in diesem Fall werfen die Würmer die Exkrementrollen in im Boden gelassene Höhlen oder in die alten Röhren, anstatt dieselben über den Mündungen ihrer Röhren anzuhäufen; auch können sie keine Gegenstände an der Oberfläche zusammentragen, mit denen die Mündungen geschützt werden könnten. Ferner öffneten die Würmer auf einem vor Kurzem ausgegrabenen Pflaster einer römischen Villa in Abinger (welche später beschrieben werden wird) ihre Röhren hartnäckig fast jede Nacht, wenn dieselben durch das häufige Drauftreten geschlossen worden waren, obschon sie selten imstande waren, einige wenige minutiöse Steinchen zu finden, mit denen sie sie bedeckten.

Intelligenz, welche Würmer in der Art, ihre Röhren zuzustopfen, darbieten. | Wenn jemand eine kleine zylindrische Röhre mit solchen Gegenständen wie Blättern, Blattstielen oder Zweigen zu verstopfen hätte, so würde er dieselben mit ihren zugespitzten Enden hineinstecken oder hineinziehen; wären aber diese Gegenstände sehr dünn im Verhältnis zu der Größe der Höhle, so würde er wahrscheinlich einige mit ihrem dickeren oder breiteren Ende voran hineinbringen. Er würde sich in diesem Fall von seiner Intelligenz leiten lassen. Es schien mir daher der Mühe wert zu sein, sorgfältig zu beobachten, wie die Würmer Blätter in ihre Röhren ziehen, ob mit deren Spitzen oder mit den Basen oder mit den mittleren Teilen. Ganz besonders wünschenswert schien mir dies in dem Fall zu sein, wo es sich um Pflanzen handelte, die nicht bei uns heimisch sind; denn obgleich die Gewohnheit, Blätter in die Röhren zu ziehen, ohne Zweifel bei den Würmern instinktiv ist, so konnte ihnen doch der Instinkt in dem

Fall nicht angeben, wie sie handeln sollten, wenn es Blätter betraf, von denen ihre Vorfahren nichts wussten. Wenn überdies Würmer allein durch den Instinkt oder durch einen unveränderlichen vererbten Antrieb handelten, so würden sie alle Arten von Blättern in ein und der nämlichen Weise in ihre Röhren ziehen. Wenn sie keinen derartigen bestimmten Instinkt haben, könnten wir erwarten, dass es der Zufall bestimmen werde, ob die Spitze oder die Basis oder die Mitte eines Blattes ergriffen wird. Werden diese beiden Alternativen ausgeschlossen, so bleibt nur Intelligenz übrig, wenn nicht der Wurm in jedem einzelnen Fall zuerst viele verschiedene Methoden versucht und dann nur derjenigen folgt, welche sich als die einzig mögliche oder als die leichteste herausstellt; aber auch schon diese Art zu handeln und verschiedene Methoden zu versuchen, nähert sich der Intelligenz bedeutend.

An erster Stelle nun wurden 227 verwelkte Blätter verschiedener Arten, meistens von englischen Pflanzen, an verschiedenen Orten aus Wurmröhren herausgezogen. Von diesen waren 181 mit oder nahe an ihren Spitzen in die Wurmlöcher gezogen worden, sodass die Blattstiele nahezu senkrecht aufwärts aus der Mündung der Wurmröhren vorsprangen; 20 waren mit den Basen hineingezogen worden, und in diesem Fall sprangen die Blattspitzen vor; 26 endlich waren in der Nähe der Mitte ergriffen worden, sodass dieselben quer in die Röhren gezogen worden und sehr gerunzelt waren. Es waren daher 80 Prozent (dabei immer die nächste ganze Zahl annehmend) mit der Spitze eingezogen worden, 9 Prozent mit der Basis oder dem Blattstiel und 11 Prozent quer oder mit der Mitte. Dies allein genügt beinahe schon, um zu zeigen, dass es nicht der Zufall ist, welcher bestimmt, in welcher Weise Blätter in die Wurmröhren gezogen werden.

Von den oben erwähnten 227 Blättern waren 70 abgefallene Blätter der gewöhnlichen Linde, welche beinahe sicher kein eingeborener Baum Englands ist. Diese Blätter sind nach der Spitze zu bedeutend zugespitzt und sind an der Basis sehr breit mit einem gut entwickelten Blattstiel. Sie sind dünn, und wenn sie halb verwelkt sind, vollständig biegsam. Von diesen 70 Blättern waren 79 Prozent mit oder nahe an der Spitze eingezogen worden, 4 Prozent mit der Basis oder nahe an derselben, und 17 Prozent quer oder mit der Mitte. Diese Verhältniszahlen stimmen, soweit die Spitze in Betracht kommt, sehr nahe mit den vorhin mitgeteilten überein. Der Prozentsatz der mit der Basis eingezogenen Blätter ist aber kleiner, und das kann wohl der Breite des basalen Teils der Blattfläche zugeschrieben werden. Wir sehen hier auch, dass das Vorhandensein eines Blattstiels, von dem sich hätte erwarten lassen, dass er die Würmer als ein bequemer Handgriff zu einem Versuch hätte verleiten können, nur geringen oder gar keinen Einfluss auf die Bestimmung der Art und Weise hat, in welcher Lindenblätter in die Wurmröhren hineingezogen werden. Die verhältnismäßig große Menge von Blättern, nämlich 17 Prozent, welche mehr oder weniger quer eingezogen worden waren, hängt ohne Zweifel von der Biegsamkeit dieser halb verwelkten Blätter ab. Die Tatsache, dass so viele mit der Mitte und einige wenige mit der Basis in die Löcher gezogen worden sind, macht es unwahrscheinlich, dass die Würmer es zuerst versuchten, die meisten Blätter nach einer oder nach beiden dieser letzten Methoden hereinzuziehen und dass sie später 79 Prozent mit ihren Spitzen hereinzogen; denn es ist doch ganz offenbar, dass es ihnen nicht schwer geworden wäre, dieselben mit der Basis oder mit der Mitte hereinzuziehen.

Es wurde nun zunächst nach den Blättern einer ausländischen Pflanze gesucht, deren Blattscheiben nach der Spitze nicht mehr zugespitzt waren als nach der Basis zu. Es ergab sich, dass dies bei den Blättern eines Goldregens (einer Bastardform zwischen *Cytisus alpinus und laburnum)* der Fall war; denn faltete man die terminale Hälfte über die basale, so passten beide meistens genau aufeinander; und wenn irgendeine Verschiedenheit bestand, so war die basale Hälfte etwas schmäler. Es hätte sich daher wohl erwarten lassen, dass eine beinahe gleiche Anzahl von diesen Blättern mit der Spitze und mit der Basis in die Röhren gezogen worden seien oder dass sich ein geringer Überschuss zugunsten der Letzteren ergebe. Aber von 73 Blättern (welche nicht in der ersten Zahl von 227 enthalten waren), die aus Wurmlöchern gezogen wurden, waren 63 Prozent mit der Spitze eingezogen worden, 27 Prozent mit der Basis und 10 Prozent quer. Wir sehen hier, dass eine verhältnismäßig bei weitem größere Menge, nämlich 27 Prozent, mit der Basis eingezogen worden waren, als es bei den Lindenblättern der Fall war, deren Blattscheiben an der Basis sehr breit sind und von denen nur 4 Prozent in dieser Weise eingezogen worden waren. Die Tatsache, dass nicht eine verhältnismäßig noch größere Menge von Goldregenblättern mit der Basis eingezogen worden ist, können wir vielleicht daraus erklären, dass die Würmer die Gewohnheit erlangt haben, allgemein die Blätter mit den Spitzen hereinzuziehen, um auf diese Weise die Blattstiele zu vermeiden. Denn der basale Rand der Blattspreite bildet bei vielen Arten von Blättern mit dem Blattstiel einen großen Winkel; und wenn ein derartiges Blatt mit dem Blattstiel hineingezogen würde, so würde der basale Rand plötzlich auf beiden Seiten der

Höhlenöffnung mit dem Boden in Berührung kommen und das Hineinziehen des Blattes sehr schwierig machen.

Nichtsdestoweniger verlassen Würmer ihre Gewohnheit, die Blattstiele zu vermeiden, wenn ihnen dieser Teil das bequemste Mittel darbietet, die Blätter in ihre Röhren zu ziehen. Die Blätter der in endloser Weise hybridisierten Varietäten des Rhododendron variieren bedeutend in ihrer Gestalt; einige sind am schmälsten nach ihrer Basis zu, andere nach der Spitze zu. Nachdem sie abgefallen sind, wird häufig die Blattscheibe zu beiden Seiten der Mittelrippe während des Austrocknens aufgerollt, zuweilen der ganzen Länge entlang, zuweilen hauptsächlich nach der Basis, zuweilen nach der Spitze zu. Unter 28 abgefallenen Blättern auf einem Torfbeet in meinem Garten waren nicht weniger als 23 in dem basalen Viertel ihrer Länge schmäler als im terminalen Viertel; und diese Schmalheit war hauptsächlich Folge des Einrollens der Ränder. Unter 36 abgefallenen Blättern auf einem anderen Beet, in welchem verschiedene Varietäten von Rhododendron wuchsen, waren nur 17 nach der Basis zu schmäler als nach der Spitze zu. Mein Sohn William, welcher zuerst meine Aufmerksamkeit auf diesen Fall lenkte, las 237 in seinem Garten (wo der Rhododendron im natürlichen Boden wächst) abgefallene Blätter auf, und von diesen hätten 65 Prozent von den Würmern leichter mit der Basis oder dem Stielende in ihre Höhlen gezogen werden können als mit der Spitze; und dies war zum Teil Folge der Gestalt des Blattes, und in einem geringeren Grade nur Folge des Einrollens der Ränder; 27 Prozent hätten leichter mit der Spitze als mit der Basis eingezogen werden können und 8 Prozent mit ungefähr gleicher Leichtigkeit mit jedem der beiden Enden. Die Gestalt eines abgefallenen Blattes muss vorher beurteilt werden, ehe das eine Ende in eine Höhle gezogen worden ist; denn nachdem dies geschehen ist, vertrocknet das freie Ende, mag dies die Spitze oder die Basis sein, schneller als das in dem feuchten Boden eingetauchte Ende; infolgedessen werden die exponierten Ränder des freien Endes die Neigung haben, stärker nach innen eingerollt zu werden, als sie es zu der Zeit waren, wo das Blatt zuerst vom Wurm ergriffen wurde. Mein Sohn fand 91 Blätter, welche von Würmern in ihre Röhren hineingezogen worden waren, wennschon nicht in eine große Tiefe; von diesen waren 66 Prozent mit der Basis oder dem Blattstiel und 34 Prozent mit der Spitze hineingezogen worden. In diesem Fall beurteilten daher die Würmer mit einem ansehnlichen Grad von Korrektheit, wie die verwelkten Blätter dieser ausländischen Pflanze am besten in ihre Röhren zu ziehen seien, obwohl sie dabei von ihrer gebräuchlichen Gewohnheit, den Blattstiel zu vermeiden, abgehen mussten.

Auf den Kieswegen in meinem Garten wird eine sehr große Zahl von Blättern dreier Arten von *Pinus (P. austriaca, nigricans* und *sylvestris)* regelmäßig in die Mündungen der Wurmröhren hineingezogen. Diese Blätter bestehen aus zwei Nadeln, welche in den beiden zuerst genannten Arten von beträchtlicher Länge und in der zuletzt erwähnten Art kurz sind und die mit einer gemeinschaftlichen Basis verbunden sind; und mit diesem letzteren Teil werden sie beinahe ausnahmslos in die Wurmlöcher gezogen. Ich habe bei Würmern im Naturzustand nur zwei oder höchstens drei Ausnahmen von dieser Regel gesehen. Da die scharf zugespitzten Nadeln ein wenig divergieren und da mehrere Blätter in ein und dieselbe Röhre gezogen werden, so bildet jedes Büschel einen vollkommenen spanischen Reiter. Bei zwei

Gelegenheiten wurden des Abends viele solcher Büschel aus der Röhre herausgezogen; am folgenden Morgen aber waren frische Blätter hineingezogen worden, sodass die Röhren wiederum gut beschützt waren. Diese Blätter konnten nicht in die Röhren bis zu irgendeiner Tiefe anders als mit ihren Basen hineingezogen werden, da ein Wurm nicht die beiden Nadeln gleichzeitig ergreifen kann und da, wenn nur eine mit der Spitze ergriffen würde, die andere gegen den Boden angedrückt werden und den Eintritt der ergriffenen verhindern würde. Dies war in den oben erwähnten zwei oder drei Ausnahmefällen offenbar. Damit daher die Würmer ihre Arbeit ordentlich ausführen können, müssen sie Tannenblätter mit den Basen, wo die beiden Nadeln verbunden sind, in ihre Löcher hineinziehen. Auf welche Weise sie aber bei dieser Arbeit geleitet werden, ist eine ziemlich verwirrende Frage.

Diese Schwierigkeit veranlasste meinen Sohn Francis und mich selbst, Würmer in der Gefangenschaft während mehrerer Nächte mithilfe eines trüben Lichts zu beobachten, während sie die Blätter der oben angeführten Tannen in ihre Höhlen zogen. Sie bewegten die vorderen Enden ihrer Körper um die Blätter herum, und bei mehreren Gelegenheiten fuhren sie, wenn sie das scharfe Ende einer Nadel berührten, plötzlich zurück, als wären sie gestochen. Ich bezweifle aber, dass sie dadurch verletzt waren, denn sie verhalten sich gegen scharfe Gegenstände indifferent und verschlingen selbst Dornen von Rosen und kleine Glassplitter. Es dürfte auch bezweifelt werden, dass die spitzen Enden der Nadeln dazu dienen, ihnen zu sagen, dass dies das falsche Ende zum Ergreifen des Blatts sei; denn an vielen Blättern wurden die Spitzen in einer Länge von ungefähr einem Zoll abgeschnitten, und siebenundfünfzig derselben wurden mit ihren Basen, und nicht mit den abgeschnittenen Enden voran in die Wurmlöcher gezogen. Die gefangen gehaltenen Würmer ergriffen häufig die Nadeln in der Nähe der Mitte und zogen sie nach den Mündungen ihrer Höhlen hin; ein Wurm versuchte in einer ganz sinnlosen Art, sie durch Biegen derselben in die Höhle zu ziehen. Sie schleppten zuweilen viel mehr Blätter über den Mündungen ihrer Röhren zusammen (wie in dem früher erwähnten Fall mit den Lindenblättern), als in dieselben hineingehen konnten. Bei anderen Gelegenheiten benahmen sie sich indessen völlig verschieden; denn sobald sie die Basis eines Tannenblattes berührten, wurde dasselbe ergriffen, wobei es zuweilen vollständig in dem Mund der Würmer verschlungen wurde, oder es wurde ein der Basis sehr nahe liegender Punkt ergriffen, und das Blatt wurde dann schnell in die Röhre gezogen oder vielmehr geschnellt. Sowohl meinem Sohn als mir selbst kam es so vor, als ob die Würmer es augenblicklich wahrnähmen, wenn sie das Blatt in der richtigen Art und Weise ergriffen hatten. Es wurden neun solche Fälle beobachtet; in einem derselben aber gelang es dem Wurm nicht, das Blatt in seine Höhle zu ziehen, da er sich mit anderen in der Nähe befindlichen Blättern verwickelte. In einem anderen Fall stand ein Blatt nahezu aufrecht mit den Spitzen der Nadeln zum Teil in eine Röhre eingesenkt, wie es aber da stand, wurde nicht beobachtet; dann richtete sich aber der Wurm rückwärts auf und ergriff die Basis, welche nun in die Mündung der Röhre durch Biegen des ganzen Blatts gezogen wurde. Andererseits wurde, nachdem ein Wurm die Basis eines Blattes ergriffen hatte, diese bei zwei Gelegenheiten aus irgendeinem unbekannten Motive wieder losgelassen.

Wie bereits bemerkt wurde, ist die Gewohnheit, die Mündung der Röhren mit verschiedenen Gegenständen zu verstopfen, ohne Zweifel bei Würmern instinktiv; und ein in einem meiner Töpfe geborener, sehr junger Wurm zog ein Kiefernblatt, dessen eine Nadel so lang und beinahe so dick war wie sein eigener Körper, eine Strecke mit fort. In diesem Teil von England ist keine Kiefernart heimisch; es ist daher unglaublich, dass die richtige Art und Weise, Kiefernblätter in die Röhren zu ziehen, bei unseren Würmern instinktiv sein könnte. Da aber die Würmer, an welchen die obigen Beobachtungen gemacht wurden, unterhalb oder in der Nähe von einigen Kiefern gegraben worden waren, die vor ungefähr vierzig Jahren dort gepflanzt worden waren, so war es wünschenswert zu beweisen, dass ihre Handlungsweise nicht instinktiv war. Dementsprechend wurden Kiefernblätter auf dem Boden an Stellen ausgestreut, die von irgendeinem Kiefernbaume weit entfernt waren, und 90 von ihnen wurden mit ihrer Basis in die Wurmhöhlen gezogen. Nur zwei wurden mit der Spitze der Nadeln eingezogen, und diese waren keine wirklichen Ausnahmen, da eines davon nur eine sehr kurze Strecke weit hineingezogen wurde und die beiden Nadeln des anderen zusammenhingen. Andere Kiefernblätter wurden Würmern gegeben, welche in Töpfen in einem warmen Zimmer gehalten wurden, und hier war das Resultat verschieden; denn unter 42 in die Wurmröhren gezogenen Blättern wurden nicht weniger als 16 mit der Spitze der Nadeln eingezogen. Diese Würmer arbeiteten indessen in einer sorglosen oder liederlichen Art und Weise; denn die Blätter wurden häufig nur bis in eine geringe Tiefe gezogen; zuweilen wurden sie nur über der Mündung der Röhren angehäuft, und zuweilen wurden gar keine hineingezogen. Ich glaube, dass diese

Sorglosigkeit dadurch erklärt werden kann, dass die Luft des Zimmers warm war und die Würmer infolgedessen nicht ängstlich darauf bedacht waren, ihre Röhren wirksam zu verstopfen. Von Würmern bewohnte und mit einem Netz, welches den Zutritt kalter Luft gestattete, bedeckte Töpfe wurden mehrere Nächte hindurch im Freien gelassen, und nun wurden 72 Blätter, und zwar sämtlich in der richtigen Weise mit ihrer Basis eingezogen.

Aus den bis jetzt mitgeteilten Tatsachen dürfte vielleicht gefolgert werden, dass die Würmer irgendwie eine allgemeine Vorstellung von der Gestalt oder der Struktur der Kiefernblätter erlangen und einsehen, dass es für sie notwendig ist, die Basis, wo die zwei Nadeln verbunden sind, zu ergreifen. Die folgenden Fälle machen dies aber mehr als zweifelhaft. Die Spitzen einer großen Anzahl von Nadeln von *Pinus austriaca* wurden mit in Alkohol aufgelöstem Schellack zusammengekittet und einige Tage aufbewahrt, bis, wie ich glaube, aller Geruch oder Geschmack verschwunden war; dann wurden sie an Stellen, wo keine Kiefernbäume wuchsen, auf dem Boden verstreut in der Nähe von Wurmröhren, aus denen die Pfröpfe entfernt worden waren. Derartige Blätter hätten bei jedem der beiden Enden mit gleicher Leichtigkeit in die Röhren hineingezogen werden können; und nach Analogie zu urteilen, und besonders nach dem sofort mitzuteilenden Fall der Blattstiele von *Clematis montana*, erwartete ich, dass die Spitzen vorgezogen werden würden. Das Resultat war aber, dass unter 121 Blättern mit zusammengekitteten Spitzen 108 mit ihren Basen und nur 13 mit ihren Spitzen eingezogen wurden. In der Meinung, dass die Würmer möglicherweise den Geruch oder Geschmack des Schellacks wahrnehmen und als unangenehm empfinden möchten, obgleich dies sehr unwahrscheinlich war, besonders nachdem die Blätter während mehrerer Nächte im Freien liegen gelassen worden waren, wurden die Spitzen der Nadeln vieler Blätter mit feinem Faden zusammengebunden. Von in dieser Weise behandelten 150 Blättern wurden in Wurmhöhlen gezogen: 123 mit der Basis und 27 mit den zusammengebundenen Spitzen, sodass also zwischen vier- und fünfmal soviel mit der Basis hineingezogen wurden wie mit der Spitze. Es ist möglich, dass die kurzen, abgeschnittenen Enden der Fäden, mit denen sie zusammengebunden waren, die Würmer dazu verführt haben dürften, eine verhältnismäßig größere Zahl mit den Spitzen hineinzuziehen, als wenn Kitt gebraucht wurde. Rechnet man die Blätter mit zusammengebundenen und zusammengekitteten Spitzen zusammen (271 von Anzahl), so wurden 85 Prozent hiervon mit der Basis und 15 Prozent mit der Spitze eingezogen. Wir können daher schließen, dass es nicht die Divergenz der beiden Nadeln ist, welche die Würmer im Naturzustand beinahe ausnahmslos dazu führt, Kiefernblätter mit ihrer Basis in die Wurmhöhle hineinzuziehen. Auch kann es nicht die Schärfe der Spitze der Nadeln sein, welche die Würmer bestimmt; denn wie wir gesehen haben, werden viele Blätter mit abgeschnittenen Spitzen mit ihrer Basis in die Löcher gezogen. Wir werden hierdurch zu dem Schluss geführt, dass bei Kiefernblättern irgendetwas an der Basis für die Würmer anziehend sein muss, obwohl nur wenige gewöhnliche Blätter mit der Basis oder dem Blattstiel eingezogen werden.

Blattstiele. | Wir wollen uns nun zu den Stengeln oder den Blattstielen zusammengesetzter Blätter, nachdem die Blättchen abgefallen sind, wenden. Die Stiele von *Clematis montana,* welche über einer Veranda wuchs, wurden zeitig im Januar in großer Anzahl in die Wurmhöhlen auf einem nahe liegenden Kiesweg, Grasplatz und Blumenbeet eingezogen. Diese Blattstiele variieren in der Länge von 2½ bis 4½ Zoll, sind steif und von nahezu gleichförmiger Dicke, ausgenommen dicht an der Basis, wo sie sich ziemlich plötzlich verdicken und hier ungefähr zweimal so dick sind wie an irgendeinem anderen Teil. Die Spitze ist etwas zugespitzt, verwelkt aber bald und wird dann leicht abgebrochen. Von solchen Blattstielen wurden 314 aus Wurmlöchern auf den eben erwähnten Orten herausgezogen; und es ergab sich, dass 76 Prozent mit den Spitzen und 24 Prozent mit den Basen hineingezogen worden waren, sodass die mit der Spitze Hineingezogenen ein wenig mehr als dreimal so viel betrugen wie die mit der Basis Eingezogenen. Einige von den aus dem festgetretenen Kiesweg Herausgezogenen wurden von den anderen getrennt gehalten; und von diesen (59 der Zahl nach) waren nahezu fünfmal so viele mit der Spitze wie mit der Basis hineingezogen, während bei denen aus dem Rasenplatz und dem Blumenbeet Herausgezogenen, wo infolge des Umstands, dass der Boden leichter nachgibt, beim Verstopfen der Röhren weniger Sorgfalt notwendig sein dürfte, das Verhältnis der mit der Spitze Hineingezogenen (130) zu den mit der Basis Hineingezogenen (48) etwas weniger als drei zu eins betrug. Dass diese Blattstiele in die Wurmröhren gezogen worden waren, um dieselbe zu verstopfen, und nicht als Nahrung, ging daraus offenbar hervor, dass, soweit ich sehen konnte, keines von beiden Enden benagt war. Da mehrere Blattstiele gebraucht werden, um ein und dasselbe Loch zuzustopfen, in einem Fall nicht weniger als 10, und in einem anderen Fall nicht weniger als 15, so dürften die Würmer vielleicht zuerst einige wenige mit dem dickeren Ende voraus hineinziehen, um sich Mühe zu ersparen; später aber wird die große Mehrheit mit dem zugespitzten Ende hineingezogen, um die Höhle sicher zu verstopfen.

Zunächst wurden dann die abgefallenen Blattstiele unseres heimischen Eschenbaums beobachtet, und hier wurde die bei den meisten Gegenständen befolgte Regel, dass nämlich eine große Mehrzahl mit dem zugespitzten Ende in die Röhren gezogen wurde, nicht eingehalten; und diese Tatsache überraschte mich anfangs sehr. Diese Blattstiele variieren in der Länge von 5 bis 8½ Zoll; sie sind nach der Basis zu dick und fleischig, von wo aus sie dann nach der Spitze zu sich sanft verdünnen; die Spitze selbst ist ein wenig verdickt und abgestutzt, wo das terminale Blättchen ursprünglich befestigt war. Unter einigen auf einem mit Gras bewachsenen Stück Feldes wachsenden Eschen wurden 229 Blattstiele aus Wurmröhren zeitig im Januar herausgezogen, und von diesen waren 51,5 Prozent mit der Basis und 485 Prozent mit der Spitze hineingezogen worden. Diese Anomalie wurde indes leicht erklärt, sobald das dicke Ende untersucht wurde; denn bei 78 unter 103 Blattstielen war dieser Teil dicht über der hufeisenförmigen Gelenkfläche von Würmern benagt worden. In den meisten Fällen konnte über das Benagtsein gar kein Irrtum bestehen; denn nicht benagte Blattstiele, welche untersucht wurden, nachdem sie dem Wetter noch weitere acht Wochen ausgesetzt worden waren, waren in der Nähe der Basis nicht mehr zerfallen oder zersetzt als irgendwo anders. Es geht hieraus offenbar hervor, dass das dicke, basale Ende des Blattstiels nicht nur zum Zweck des Verstopfens der Mündungen der Röhren, sondern auch zur Nahrung eingezogen wird. Selbst die schmalen, abgestutzten Spitzen einiger weniger Blattstiele waren benagt worden; und dies war bei 6 unter 37 zu diesem Behufe untersuchten Stielen der Fall. Nachdem die Würmer das basale Ende hineingezogen und benagt haben, schieben sie die Blattstiele häufig wieder aus ihren Röhren heraus und ziehen dann frische herein, entweder mit der Basis als Nahrung oder mit der Spitze zum wirksameren Verstopfen der Mündung. So waren unter 37 mit ihren Spitzen in den Röhren steckenden Blattstielen 5 vorher mit ihren Basen hineingezogen gewesen, denn dieser Teil war benagt worden. Ferner sammelte ich eine Handvoll lose auf dem Boden dicht bei einigen zugestopften Wurmröhren liegender Blattstiele, wo die Oberfläche dick mit anderen Blattstielen überstreut war, welche augenscheinlich niemals von Würmern berührt worden waren; und 14 unter 47 (d.i. nahezu ein Drittel) waren, nachdem die Basis benagt worden war, aus den Röhren herausgestoßen worden und lagen nun lose auf dem Boden. Aus diesen verschiedenen Tatsachen können wir schließen, dass die Würmer einige Blattstiele der Esche mit der Basis hereinziehen, um als Nahrung zu dienen, und andere mit der Spitze, um die Mündungen ihrer Röhren in der allerwirksamsten Weise zuzustopfen.

Die Blattstiele der *Robinia pseudo-acacia* variieren in der Länge von 4 oder 5 bis zu nahezu 12 Zoll; dicht an der Basis sind sie dick, ehe die weicheren Teile weggefault sind, und verjüngen sich bedeutend nach dem oberen Ende zu. Sie sind so biegsam, dass ich einige wenige gesehen habe, welche aufeinander gebogen und in dieser Weise in die Röhren von Würmern gezogen worden waren. Unglücklicherweise wurden diese Blattstiele nicht eher als im Februar untersucht, in welcher Zeit die weicheren Teile vollständig abgefault waren, sodass es unmöglich war, zu ermitteln, ob die Würmer die Basen benagt hatten, obgleich dies an und für sich wahrscheinlich ist.

Unter 121 zeitig im Februar aus Wurmlöchern herausgezogenen Blattstielen waren 68 mit der Basis und 53 mit der Spitze voran hineingebracht worden. Am 5. Februar wurden sämtliche Blattstiele, welche in die Wurmröhren unter einer *Robinia* hineingezogen worden waren, herausgezogen; und nach einem Verlauf von elf Tagen waren wiederum 35 Blattstiele, und zwar 19 mit der Basis und 16 mit der Spitze hineingezogen. Nimmt man diese beiden Sätze zusammen, so wurden 56 Prozent mit der Basis voran eingezogen und 44 Prozent mit der Spitze. Da alle anderen weichen Teile schon längst weggefault waren, so können wir, besonders in dem zuletzt erwähnten Fall, sicher sein, dass keiner als Nahrungsmittel hineingezogen worden ist. In dieser Jahreszeit ziehen daher die Würmer diese Blattstiele ganz gleich mit jedem der beiden Enden in ihre Röhren, wobei der Basis ein unbedeutender Vorzug gegeben wird. Diese letztere Tatsache dürfte aus der Schwierigkeit erklärt werden, eine Wurmröhre mit so außerordentlich dünnen Gegenständen, wie diese oberen Enden sind, zu verstopfen. Zur Unterstützung dieser Ansicht mag noch angeführt werden, dass an den 16 Blattstielen, welche mit ihren oberen Enden in die Röhren eingezogen worden waren, die stärker verjüngte terminale Spitze bei 7 von ihnen vorher durch irgendeinen Zufall abgebrochen worden war.

Papierdreiecke. | Es wurden aus mäßig steifem Schreibpapier längliche Papierdreiecke ausgeschnitten, welche auf beiden Seiten mit rohem Fett eingerieben wurden, um zu verhindern, dass sie übermäßig weich würden, wenn sie des Nachts dem Regen und Tau ausgesetzt würden. Die Seiten aller dieser Dreiecke waren drei Zoll lang; die Basis maß bei 120 einen Zoll und von den anderen 183 einen halben Zoll in der Länge. Diese letzteren Dreiecke waren sehr schmal oder bedeutend zugespitzt.[31] Als eine Kontrolle für die sofort mitzuteilenden Beobachtungen wurden ähnliche Dreiecke im feuchten Zustand mit einer sehr schmalen Pinzette an verschiedenen Punkten und in allen möglichen Neigungen in Bezug auf die Ränder ergriffen und dann in eine kurze Röhre von dem Durchmesser einer Wurmröhre hineingezogen. Wenn das Dreieck bei der Spitze ergriffen wurde, so wurde es gerade in die Röhre hineingezogen mit einwärts gefalteten Rändern; wurde es in einer geringen Entfernung von der Spitze ergriffen, z. B. einen halben Zoll, so wurde dies Stück innerhalb der Röhre zurückgeschlagen. Dasselbe war mit der Basis und den basalen Winkeln der Fall, obschon, wie ja hätte erwartet werden können, die Dreiecke dem Hineingezogenwerden viel mehr Widerstand entgegensetzten. Wurde das Dreieck in der Nähe der Mitte ergriffen, so wurde es zusammengefaltet, und sowohl die Spitze als die Basis blieben aus der Röhre vorgestreckt. Da die Seiten der Dreiecke drei Zoll lang waren, so kann man die Resultate der Beobachtung der Art und Weise, wie sie in eine Röhre oder in ein Wurmloch eingezogen werden, ganz passend in drei Gruppen teilen: in diejenigen Blätter, welche mit der Spitze oder innerhalb eines Zolls von ihr entfernt eingezogen wurden, in die, welche mit der Basis oder innerhalb eines Zolls von ihr entfernt, und in die, welche an irgendeinem Punkt in dem mittleren Zoll eingezogen wurden.

Um zu sehen, wie die Dreiecke von den Würmern ergriffen werden würden, wurden einige im feuchten Zustand

---

31 An diesen schmalen Dreiecken misst der Spitzenwinkel 9° 34' und die basalen Winkel messen 85° 13'; bei den breiteren Dreiecken misst der Spitzenwinkel 19° 10' und die basalen Winkel messen 80° 25'.

Würmern gegeben, die gefangen gehalten wurden. Die Dreiecke wurden, und zwar sowohl die schmalen als die breiten, in drei verschiedenen Arten ergriffen, nämlich mit dem Rande, mit einem der drei Winkel, welcher dann häufig vollständig in der Mundhöhle aufgenommen wurde, und endlich mit irgendeinem Teil der platten Oberfläche, auf welcher Saugen ausgeübt wurde. Wenn mit der Basis parallele und einen Zoll von einander entfernte Linien quer über ein Dreieck gezogen werden, dessen Seiten drei Zoll lang sind, so wird es in drei Teile von gleicher Länge geteilt werden. Wenn nun Würmer nach dem Zufall irgendeinen Teil ergreifen, so werden sie sicher den basalen Teil oder Abschnitt viel häufiger ergreifen als jeden der beiden anderen Abschnitte. Denn die Oberfläche des basalen Teiles verhält sich zum spitzen Teil wie 5 zu 1, sodass die Wahrscheinlichkeit, dass der erstere durch Saugen in eine Wurmröhre gezogen wird, sich zu dem Spitzenteil wie 5 zu 1 verhält. Die Basis bietet zwei Winkel dar und die Spitze nur einen, sodass die erstere eine zweimal so große Wahrscheinlichkeit (ganz unabhängig von der Größe der Winkel) haben würde, von dem Mund eines Wurms umschlungen zu werden, wie die Spitze. Es muss indes angeführt werden, dass der Spitzenwinkel selbst nicht häufig von Würmern ergriffen wird; der Rand in einer geringen Entfernung von der Spitze auf jeder Seite wird vorgezogen. Ich schließe dies daraus, dass ich in 40 unter 46 Fällen, in denen Dreiecke mit ihren spitzen Enden in Wurmröhren gezogen worden waren, gefunden habe, dass innerhalb der Röhre die Spitze in einer Länge von 1/20 Zoll bis zu einem Zoll zurückgefaltet worden war. Endlich ist das Verhältnis zwischen den Rändern der basalen und Spitzenteile für die breiteren Dreiecke wie 3 zu 2 und für die schmalen Dreiecke wie 2½ zu 2. Nach diesen verschiedenen Betrachtungen hätte unter der Annahme, dass die Würmer die Dreiecke nach Zufall ergreifen, sicher erwartet werden können, dass eine verhältnismäßig ansehnlich größere Zahl mit dem basalen als mit dem Spitzenteil in die Höhle gezogen werden würde; wir werden aber sofort sehen, wie verschieden das Resultat war.

Dreiecke von den oben speziell angeführten Größen waren an vielen Orten und in vielen aufeinanderfolgenden Nächten auf dem Boden in der Nähe von Wurmlöchern ausgestreut, aus welchen die Blätter, Blattstiele, Zweige u. s. w., mit denen sie zugestopft gewesen waren, entfernt waren. Im Ganzen wurden 303 Papierdreiecke von Würmern in ihre Höhlen eingezogen; 12 andere waren mit beiden Enden hineingezogen worden; da es aber unmöglich war, zu entscheiden, an welchem Ende sie zuerst ergriffen worden waren, so wurden sie ausgeschlossen. Von den 303 Dreiecken waren 62 Prozent mit der Spitze eingezogen worden (unter dieser Bezeichnung alle diejenigen begreifend, welche mit dem einen Zoll langen Spitzenteil eingezogen worden waren); 15 Prozent waren mit der Mitte eingezogen und 23 Prozent mit dem basalen Teil. Wären sie ganz unterschiedslos gleichmäßig mit jedem Teil eingezogen worden, so würde das prozentische Verhältnis für einen jeden Teil, den Spitzenteil, den mittleren und den basalen, 33,3 gewesen sein; wie wir aber soeben gesehen haben, hätte erwartet werden können, dass eine verhältnismäßig viel größere Anzahl mit dem basalen als mit irgendeinem der beiden anderen Teile eingezogen worden sein würde. Wie aber die Tatsachen vorliegen, wurden nahezu dreimal so viel mit der Spitze eingezogen wie mit der Basis. Wenn wir die breiten Dreiecke für sich allein betrachten, so wurden 59 Prozent mit der Spitze, 25 Prozent mit der Mitte und 16 Prozent mit der Basis eingezogen. Von den schmalen Dreiecken wurden 65 Prozent mit der Spitze eingezogen, 14 Prozent mit der Mitte und 21 Prozent mit der Basis; sodass hier die mit der Spitze eingezogenen dreimal so viel waren wie die mit der Basis eingezogenen. Wir können daher schließen, dass die Art und Weise, wie die Papierdreiecke in die Wurmlöcher hinabgezogen werden, keine Sache des Zufalls ist.

In acht Fällen waren zwei Dreiecke in ein und dieselbe Röhre gezogen worden, und in sieben von diesen Fällen war das eine Dreieck mit der Spitze, das andere mit der Basis eingezogen worden. Dies weist wiederum darauf hin, dass das Resultat nicht durch den Zufall bestimmt wird. Würmer scheinen zuweilen im Akt des Hereinziehens der Dreiecke sich zu drehen, denn fünf aus der ganzen Zahl waren an der Innenfläche der Röhre zu einer unregelmäßigen Spirale aufgewunden. In einem warmen Zimmer gehaltene Würmer zogen 63 Dreiecke in ihre Röhren; wie es aber bei den Kiefernblättern der Fall war, so arbeiteten sie hier in einer ziemlich sorglosen Weise, denn nur 44 Prozent waren mit der Spitze, 22 Prozent mit der Mitte und 33 Prozent mit der Basis hineingezogen. In fünf Fällen waren zwei Dreiecke in ein und dieselbe Röhre gezogen.

Es könnte mit augenscheinlich großer Wahrscheinlichkeit vermutet werden, dass eine verhältnismäßig so große Anzahl von Dreiecken mit der Spitze in die Löcher gezogen wurde, nicht weil die Würmer dieses Ende als das zweckmäßigste sich ausgewählt haben, sondern weil sie es zuerst auf andere Weise versucht und es damit nicht fertiggebracht haben. Diese Ansicht wurde durch Beobachtung der Art und Weise unterstützt, in welcher gefangen gehaltene Würmer die Papierdreiecke herumziehen und wieder fallen lassen; dann führen sie aber ihre Arbeit nachlässig aus. Ich sah nicht gleich anfangs die Bedeutung dieses Gegenstandes ein, sondern bemerkte nur, dass die Basalteile derjenigen Dreiecke, welche mit der Spitze eingezogen worden waren, meist rein und nicht zerknittert waren. Später wandte ich dem Gegenstand sorgfältige Aufmerksamkeit zu. An erster Stelle wurden mehrere Dreiecke, welche mit dem basalen Winkel oder mit der Basis selbst oder ein wenig oberhalb der Basis eingezogen worden waren, und welche dadurch stark zerknittert und beschmutzt waren, einige Stunden in Wasser liegen gelassen und dann noch unter Wasser tüchtig geschüttelt; es wurden aber dadurch weder der Schmutz noch die Brüche im Papier entfernt. Nur unbedeutende Falten konnten beseitigt werden, selbst nach Durchziehen der nassen Dreiecke mehrere Male durch meine Finger. Infolge des von den Körpern der Würmer herrührenden Schleims war der Schmutz nicht leicht abzuwaschen. Wir können daher schließen, dass, wenn ein Dreieck, ehe es mit der Spitze eingezogen wurde, mit seiner Basis auch nur mit einem geringen Kraftaufwand in eine Wurmröhre hineingezogen worden wäre, der basale Teil dann noch lange seine Falten und Brüche und seinen Schmutz behalten würde. Es wurde nun der Zustand von 80 Dreiecken (65 schmalen und 24 breiten), welche mit der Spitze eingezogen worden waren, untersucht; und die Basalteile von nur 7 unter ihnen waren überhaupt faltig und gleichzeitig meistens auch schmutzig. Von den 82 nicht zerknitterten Dreiecken waren 14 an der Basis schmutzig; aus dieser Tatsache folgt aber nicht, dass dieselben zuerst mit ihren Basen nach der Wurmröhre hingezogen worden wären; denn die Würmer bedeckten zuweilen große Stücke der

Dreiecke mit Schleim, und wenn dieselben dann mit der Spitze voran über den Boden hingezogen wurden, wurden sie natürlich schmutzig; während Regenwetters wurden die Dreiecke häufig auf einer ganzen Seite oder auch auf beiden Seiten beschmutzt. Wenn die Würmer die Dreiecke mit ihren Basen ebenso häufig wie mit ihren Spitzen nach den Mündungen ihrer Röhren gezogen und dann wahrgenommen hätten, ohne faktisch den Versuch zu machen, sie in die Röhren zu ziehen, dass das breitere Ende für diesen Zweck nicht so gut passe – selbst in diesem Fall würde der basale Teil einer verhältnismäßig großen Zahl wahrscheinlich beschmutzt gewesen sein. So unwahrscheinlich nun auch der Schluss sein mag, so können wir doch schließen, dass die Würmer durch irgendwelche Mittel zu beurteilen imstande sind, welches das beste Ende ist, mit welchem Papierdreiecke in ihre Höhlen gezogen werden können.

Die prozentischen Resultate der vorstehenden Beobachtungen über die Art und Weise, in welcher die Würmer verschiedene Arten von Gegenständen in die Mündungen ihrer Röhren hineinziehen, können in folgender Übersicht abgekürzt dargestellt werden.

Name des Gegenstandes.	**Mit der Spitze oder nahe derselben in die Röhren gezogen.**	**Mit der Mitte oder nahe derselben in die Röhren gezogen.**	**Mit der Basis oder nahe derselben eingezogen.**
Blätter verschiedener Arten	80	11	9
— der Linde, basaler Rand der Blattfläche breit, Spitze zugespitzt	79	17	4

— von *Laburnum,* basaler Teil der Blattscheibe ebenso schmal oder zuweilen ein wenig schmäler als der Spitzenteil	63	10	27
— von *Rhododendron,* basaler Teil der Blattscheibe häufig schmäler als der Spitzenteil	34	...	66
— von Kiefern, aus zwei von einer gemeinsamen Basis entspringenden Nadeln bestehend	...	...	100
Blattstiele einer *Clematis,* nach der Spitze zu etwas zugespitzt, an der Basis stumpf	76	...	24
— der Esche, das dicke basale Ende oft als Nahrung eingezogen	48,5	...	51,5
— der *Robinia,* äußerst dünn, besonders nach der Spitze zu, sodass sie schlecht dazu passen, die Röhren zuzustopfen	44	...	56
Papierdreiecke von beiden Größen	62	15	23
—, die breiten allein	59	25	16
—, die schmalen allein	65	14	21

Wenn wir diese verschiedenen Fälle in Betracht ziehen, so können wir die Folgerung kaum vermeiden, dass Würmer in der Art und Weise ihre Röhren zuzustopfen einen gewissen Grad von Intelligenz entfalten. Es wird ein jeder besondere Gegenstand in einer gleichförmigen Art ergriffen, und zwar aus Ursachen, welche wir nicht einsehen können, um das Resultat dem bloßen Zufall zuzuschreiben. Dass nicht jeder einzelne Gegenstand mit dem spitzen Ende in die Röhre gezogen worden ist, dürfte daraus zu erklären sein, dass dadurch Arbeit erspart worden ist, dass einige mit dem breiteren oder dickeren Ende voraus hineingeschafft worden sind. Ohne Zweifel werden die Würmer durch ihren Instinkt dazu geleitet, ihre Röhren zuzustopfen, und es hätte wohl erwartet werden können, dass sie auch durch den Instinkt darauf geführt worden wären, wie sie, ganz unabhängig von Intelligenz, in jedem einzelnen Fall am besten zu verfahren hätten. Wir sehen, wie schwierig es ist zu beurteilen, ob Intelligenz mit ins Spiel kommt, denn man möchte zuweilen meinen, dass selbst Pflanzen dadurch geleitet werden: z. B., wenn aus ihrer Stellung gebrachte Blätter ihre obere Fläche durch äußerst komplizierte Bewegungen und auf dem kürzesten Wege wiederum nach dem Licht hin wenden. Bei Tieren können Handlungen, welche scheinbar Folge der Intelligenz sind, durch vererbte Gewohnheit ohne Intelligenz ausgeführt werden, obschon sie ursprünglich durch dieselbe erlangt worden sind. Oder es kann auch die Gewohnheit durch die Beibehaltung und Vererbung wohltätiger Abänderungen irgendeiner anderen Gewohnheit erlangt worden sein; und in diesem Fall wird die neue Gewohnheit unabhängig von Intelligenz durch den ganzen Verlauf ihrer Entwicklung erworben worden sein. Darin besteht a priori keine Unwahrscheinlichkeit, dass die Würmer spezielle Instinkte durch beide der letztgenannten Mittel erworben haben. Nichtsdestoweniger ist es aber doch unglaublich, dass sich Instinkte in Bezug auf Gegenstände entwickelt haben sollten, wie auf Blätter oder Blattstiele ausländischer Pflanzen, welche den Vorfahren der Würmer, welche in der beschriebenen Art und Weise verfuhren, vollständig unbekannt gewesen sind. Auch sind ihre Handlungen nicht so unabänderlich fest oder unvermeidlich, wie es die meisten echten Instinkte sind.

Da die Würmer nicht in jedem besonderen Fall durch spezielle Instinkte geleitet werden, obschon sie den allgemeinen instinktiven Trieb besitzen, die Mündungen ihrer Röhren zu verstopfen, und da Zufall ausgeschlossen ist, so scheint die am meisten wahrscheinliche Folgerung die zu sein, dass sie auf viele verschiedene Weisen versuchen, Gegenstände in ihre Höhlen zu ziehen, und dass es ihnen zuletzt auf irgendeine spezielle Weise gelingt. Es wäre aber überraschend, wenn ein auf der Stufenleiter so tief stehendes Tier wie ein Wurm die Fähigkeit haben sollte, so zu handeln, da viele höhere Tiere diese Fähigkeit nicht besitzen. So kann man z.B. sehen, wie Ameisen vergebens versuchen, einen Gegenstand quer zur Richtung ihres Wegs fortzuschleppen, welcher längsweise leicht fortgezogen werden könnte; obschon sie meistens nach einiger Zeit in einer weiseren Art verfahren. Mr. Fabre gibt an[32], dass eine Art *Sphex* – ein Insekt, welches zu derselben hoch begabten Ordnung gehört wie die Ameisen – ihr Nest mit gelähmten Heuschrecken versorgt, welche ausnahmslos bei den Antennen in ihre Höhlen hineingeschleppt werden. Wenn diese dicht am Kopf abgeschnitten wurden, so ergriff die *Sphex* die Palpen; wenn aber auch diese noch abgeschnitten wurden, so wurde der Versuch,

32 S. sein interessantes Werk: Souvenirs entomologiques, 1879. S. 168–177.

die Beute in die Höhle zu ziehen, voller Verzweiflung aufgegeben. Die *Sphex* hatte nicht Intelligenz genug, eines der sechs Beine oder die Legeröhre zu ergreifen, welche, wie Mr. Fabre bemerkt, ganz gleiche Dienste geleistet haben würden. Wenn ferner die gelähmte Beute mit einem daran befestigten Ei aus der Zelle herausgenommen wird, so verschließt die *Sphex*, nachdem sie hineingekommen ist und die Zelle leer gefunden hat, dieselbe trotzdem in der gewöhnlichen mühsamen Weise. Bienen versuchen stundenlang durch ein Fenster zu entfliehen und fahren stundenlang fort, daran umherzusummen, obgleich die andere Hälfte offen gelassen ist. Selbst ein Hecht fuhr drei Monate lang fort, gegen die Glaswand eines Aquariums loszustürzen und sich an ihr zu stoßen, in dem vergeblichen Versuche, die auf der anderen Seite der Scheibe befindlichen Ellritzen zu ergreifen.[33] Mr. Layard hat gesehen,[34] wie eine Kobra-Schlange viel weiser handelte als sowohl der Hecht als die *Sphex;* sie hatte eine Kröte, die in einem Loch gelegen hatte, dort verschluckt und konnte nun ihren Kopf nicht zurückziehen, die Kröte wurde daher wieder ausgeworfen und fing an fortzukriechen; die Schlange ergriff sie von Neuem, verschlang sie wieder und brach sie nochmals aus. Nun hatte aber die Schlange durch Erfahrung gelernt; denn nun ergriff sie die Kröte bei einem ihrer Beine und zog sie damit aus dem Loch. Selbst höhere Tiere folgen ihren Instinkten häufig in einer sinnlosen oder zwecklosen Art und Weise; der Webervogel windet mit Ausdauer Fäden um die Stäbe seines Käfigs, als baute er ein Nest; ein Eichhorn bringt Nüsse auf einen hölzernen Boden, als habe es dieselben

33 Möbius, Die Bewegungen der Tiere etc. 1873. S. 111.

34 Annals and Mag. of Nat. Hist. 2. Ser. Vol. 9. 1852. S. 333.

in der Erde vergraben; ein Biber schneidet Holzstücke ab und schleppt sie herum, obgleich kein Wasser vorhanden ist, das abzudämmen wäre, und Ähnliches in vielen anderen Fällen.

Mr. Romanes, welcher das Seelenleben der Tiere speziell studiert hat, ist der Meinung, dass wir nur da mit Sicherheit Intelligenz annehmen können, wo wir sehen, dass ein Individuum aus seiner eigenen Erfahrung Vorteil zieht. Nach dieser Probe zeigte die Kobra etwas Intelligenz; dies würde aber viel deutlicher gewesen sein, wenn sie bei einer zweiten Gelegenheit sofort die Kröte an ihrem Bein aus der Höhle herausgezogen hätte. Wenn nun Würmer versuchen, Gegenstände in ihre Röhren zu schleppen, und zwar zuerst auf die eine Art und Weise und dann auf eine andere, bis es ihnen zuletzt gelingt, so ziehen sie, wenigstens in jedem besonderen Fall, aus ihrer Erfahrung Vorteil.

Man hat aber Zeugnisse vorgebracht, welche zeigen sollen, dass die Würmer nicht gewohnheitsgemäß versuchen, Gegenstände auf verschiedene Weisen in ihre Löcher zu ziehen. So hätten halb zersetzte Lindenblätter wegen ihrer Biegsamkeit an ihrem mittleren oder basalen Teil hineingezogen werden können und wurden auch in dieser Weise in beträchtlicher Anzahl in die Röhren gezogen; und doch wurde die große Mehrheit mit der Spitze oder nahe bei derselben hineingezogen. Die Blattstücke der *Clematis* hätten sicherlich mit gleicher Leichtigkeit an der Spitze wie an der Basis hineingezogen werden können; und doch wurden dreimal, und in gewissen Fällen fünfmal so viele mit der Spitze wie mit der Basis eingezogen. Man hätte wohl meinen können, dass die Stiele der Blätter die Würmer als ein sehr bequemer Angriffspunkt hätten reizen können; und doch werden sie in keinem hohen Maß benutzt, ausgenommen wenn die Basis der Blattscheibe schmäler ist als die Spitzen. Eine große Anzahl von Blattstielen der Esche wird in dieser Weise eingezogen; dieser Teil dient aber den Würmern als Nahrungsmittel. In dem Fall mit den Kiefernblättern zeigen die Würmer deutlich, dass sie das Blatt wenigstens nicht nach dem Zufall ergreifen; ihre Wahl scheint aber nicht durch das Auseinanderweichen der zwei Nadeln und den davon abhängigen Nachteil und die daraus fließende Nötigung, die Blätter mit ihrer Basis in die Röhren zu ziehen, bestimmt zu werden. Was die Papierdreiecke betrifft, so war an denjenigen, welche mit der Spitze eingezogen wurden, selten die Basis zerknittert und schmutzig; und dies beweist, dass die Würmer nicht oft zuerst versucht hatten, sie mit diesem Ende voraus hineinzuziehen.

Wenn Würmer, entweder ehe sie einen Gegenstand nach den Öffnungen ihrer Röhren hinziehen oder nachdem sie denselben dorthin gezogen haben, zu beurteilen imstande sind, auf welche Weise sie ihn am besten hineinziehen können, so müssen sie irgendeine Vorstellung von seiner allgemeinen Gestalt erlangen. Dies erlangen sie wahrscheinlich dadurch, dass sie ihn an vielen Stellen mit dem vorderen Ende ihres Körpers, welches als ein Tastorgan dient, berühren. Wir müssen uns hier daran erinnern, wie vollkommen der Gefühlssinn bei einem Menschen wird, der blind und taub geboren ist, wie es ja Würmer sind. Wenn die Würmer das Vermögen haben, irgendeine, wenn auch noch so rohe Vorstellung von der Gestalt eines Gegenstandes und ihrer Höhlen zu erlangen, wie es der Fall zu sein scheint, so verdienen sie intelligent genannt zu werden; denn sie handeln dann in nahezu derselben Art und Weise, wie ein Mensch unter ähnlichen Umständen handeln würde.

Um dies zusammenzufassen: Da der Zufall nicht die Art und Weise bestimmt, in welcher Gegenstände von den Würmern in ihre Höhle hineingezogen werden, und da die Existenz spezialisierter Instinkte nicht für jeden besonderen Fall angenommen werden kann, so ist die erste und natürlichste Vermutung die, dass die Würmer sämtliche Methoden versuchen, bis es ihnen endlich gelingt; aber viele einzelne Tatsachen stehen einer derartigen Annahme entgegen. Es bleibt nur eine einzige Alternative übrig, dass nämlich Würmer, obgleich sie in der Stufenleiter der Organisation tief stehen, doch einen gewissen Grad von Intelligenz besitzen. Dies wird einem jeden als sehr unwahrscheinlich auffallen; aber es darf wohl bezweifelt werden, ob wir genug von dem Nervensystem der Niederen Tiere wissen, um unser natürliches Misstrauen in eine solche Schlussfolgerung zu rechtfertigen. Was die geringe Größe der Hirnganglien betrifft, so müssen wir uns daran erinnern, was für eine Masse vererbter Kenntnis mit einiger Fähigkeit, Mittel einem Zweck anzupassen, in das minutiöse Gehirn einer Arbeiterameise zusammengedrängt ist.

Mittel, durch welche die Würmer ihre Röhren aushöhlen. | Dies wird auf zweierlei Weisen ausgeführt: durch das Wegdrängen der Erde auf allen Seiten und durch das Verschlingen derselben. Im ersten Fall bringt der Wurm das ausgestreckte und verdünnte vordere Ende seines Körpers in irgendeine kleine Vertiefung oder Höhlung; und nun wird, wie Perrier bemerkt,[35] der Schlundkopf in diesen Körperteil vorgestoßen, welcher infolgedessen anschwillt und die Erde auf allen Seiten wegdrängt. Das

35 Archiv. de Zoolog. expérim, T. 3. 1874. S. 405.

vordere Körperende dient hiernach als Keil. Es dient aber auch, wie wir früher gesehen haben, zum Ergreifen und zum Saugen und als Tastorgan. Ein Wurm wurde auf lockere Ackererde gelegt, und er bohrte sich in einer Zeit von zwischen zwei und drei Minuten in dieselbe ein. Bei einer anderen Gelegenheit verschwanden vier Würmer in 15 Minuten zwischen den Seiten des Topfes und der Erde, welche mäßig niedergedrückt worden war. Bei einer dritten Gelegenheit wurden drei große Würmer und ein kleiner auf lockere Ackererde, die mit feinem Sand ordentlich durchmischt und fest niedergedrückt worden war, gelegt, und sie verschwanden sämtlich, mit Ausnahme des Schwanzes von einem, in 35 Minuten. Bei einer vierten Gelegenheit wurden sechs große Würmer auf tonigen Lehm, mit Sand vermischt und fest niedergedrückt, gelegt, und sie verschwanden, ausgenommen die äußersten Schwanzspitzen von zweien unter ihnen, in 40 Minuten. In keinem dieser Fälle verschluckten, soweit man es sehen konnte, die Würmer irgendwelche Erde. Sie drangen meist dicht an den Wänden des Topfes in die Erde ein.

Es wurde nun zunächst ein Topf mit sehr feinem eisenschüssigen Sand gefüllt, welcher niedergedrückt, ordentlich begossen und auf diese Weise äußerst kompakt gemacht wurde. Einem großen, auf der Oberfläche liegen gelassenen Wurm gelang es stundenlang nicht, sich einzubohren, und er hatte sich nicht eher vollständig eingegraben, als bis 25 Stunden 40 Minuten verflossen waren. Dies wurde dadurch bewirkt, dass der Sand verschluckt wurde, wie daraus offenbar hervorging, dass eine große Quantität durch den After ausgeworfen wurde, lange ehe der ganze Körper verschwunden war. Exkrementmassen von ähnlicher Beschaffenheit wurden während des ganzen folgenden Tages fortdauernd aus der Röhre ausgeworfen.

Da von einigen Schriftstellern darüber Zweifel ausgedrückt worden sind, ob die Würmer jemals Erde verschlucken allein zu dem Zweck, ihre Röhren auszuhöhlen, so sollen noch einige weitere Fälle angeführt werden. Eine 23 Zoll mächtige Masse feinen rötlichen Sandes, welche nahezu zwei Jahre lang auf dem Boden liegen gelassen worden war, war an vielen Stellen von Würmern durchbohrt worden; und ihre Exkrementmassen bestanden zum Teil aus dem rötlichen Sand, zum Teil aus schwarzer Erde, welche von unterhalb der Masse heraufgeschafft worden war. Dieser Sand war aus einer beträchtlichen Tiefe ausgegraben worden und war von einer so armseligen Beschaffenheit, dass Unkraut nicht auf ihm wachsen konnte. Es ist daher in hohem Grad unwahrscheinlich, dass er von den Würmern als Nahrung verschluckt worden sei. Ferner bestanden auf einem Feld in der Nähe meines Hauses die Exkrementmassen häufig aus beinahe reiner Kreide, welche nur in einer geringen Tiefe unter der Oberfläche liegt; und hier ist es wiederum sehr unwahrscheinlich, dass die Kreide wegen der sehr geringen organischen Substanz verschluckt worden sein sollte, die aus der ärmlichen darüberliegenden Weide in dieselbe durchgesickert sein könnte. Endlich wurde ein durch den Zement und den zersetzten Mörtel zwischen den Ziegeln, mit welchen die jetzt in Ruinen liegende Absis der Beaulieu Abbey früher gepflastert gewesen war, emporgeschaffter Exkrementhaufen ausgewaschen, sodass nur die gröbere Masse übrig blieb. Diese bestand aus Körnern von Quarz, Glimmerschiefer, anderen Gesteinsarten und von Ziegeln oder Fliesen, von denen viele von 1/20 bis 1/10 Zoll im Durchmesser maßen.

Niemand wird nun annehmen mögen, dass diese Körner als Nahrung verschluckt wurden, und doch machten sie mehr als die Hälfte der Exkrementhaufen aus, denn sie wogen 19 Gran, während die ganze Exkrementmasse 33 Gran gewogen hatte. Sobald nur immer ein Wurm bis zu einer Tiefe von einigen Füßen in nicht gestörtem, kompaktem Boden sich eingräbt, muss er sich seinen Durchgang durch Verschlucken der Erde erzwingen; denn es ist unglaublich, dass der Boden auf allen Seiten dem Druck des Schlundkopfes nachgeben könnte, wenn derselbe innerhalb des Wurmkörpers vorgestoßen wird.

Dass die Würmer eine größere Quantität Erde zu dem Zweck verschluckten, irgendwelche nahrhafte Substanz, welche dieselbe enthalten möge, auszuziehen, als um ihre Röhren zu bauen, scheint mir sicher zu sein. Da aber diese alte Annahme von einer so hohen Autorität wie Claparède bezweifelt worden ist, so müssen die Belege zu ihren Gunsten mit einiger Ausführlichkeit mitgeteilt werden. Eine derartige Annahme hat a priori nichts Unwahrscheinliches; denn außer anderen Anneliden, ganz besonders der *Arenicola piscatorum,* welche eine solche ungeheure Menge von Exkrementhaufen auf den zwischen den Flutgrenzen liegenden Sandflächen der britischen (und nordeuropäischen) Küste auswirft, und von welcher angenommen wird, dass sie sich in dieser Weise ernährt, gibt es zu den verschiedensten Klassen gehörige Tiere, welche nicht bohren, aber gewohnheitsgemäß große Mengen von Sand verschlucken, namentlich die Molluskengattung Onchidium und viele Echinodermen.[36]

36 Ich führe dies nach der Autorität von Semper an, Reisen im Archipel der Philippinen, 2. T. 1877. S. 30.

Wenn Erde nur dann verschluckt würde, wenn die Würmer ihre Röhren tiefer grüben oder wenn sie neue Röhren bauten, so würden Exkrementrollen nur gelegentlich ausgeworfen werden; aber an vielen Orten sind frische Exkrementmassen an jedem Morgen zu sehen, und die Menge der aus ein und demselben Wurmloch im Lauf mehrerer Tage ausgeworfenen Erde ist bedeutend. Und doch bohren sich die Würmer nicht bis zu einer großen Tiefe ein, ausgenommen wenn das Wetter sehr trocken oder intensiv kalt ist. Auf meiner Rasenfläche hat die Schicht der schwarzen Ackererde nur eine Mächtigkeit von ungefähr 5 Zoll und liegt über einem hellfarbigen oder rötlichen tonigen Boden; wenn nun Exkrementhaufen in der allergrößten Menge ausgeworfen werden, so ist nur ein verhältnismäßig kleiner Teil hell gefärbt, und es ist doch unglaublich, dass die Würmer Tag für Tag frische Röhren nach allen Richtungen hin in der dünnen oberflächlichen Schicht dunkel gefärbten Humus bauen sollten, wenn sie nicht irgendwelche Nahrung aus ihm zögen. Ich habe einen durchaus analogen Fall auf einem Feld in der Nähe meines Hauses beobachtet, wo hellroter Ton dicht unter der Oberfläche lag. Ferner wurde ermittelt, dass auf einem Teil der Downs in der Nähe von Winchester die vegetabilische über der Kreide liegende Ackererde nur eine Mächtigkeit von zwischen 3 bis 4 Zoll hatte; und die vielen dort aufgeworfenen Exkrementhaufen waren so schwarz wie Tinte und brausten mit Säuren nicht auf, sodass sich also die Würmer auf diese dünne oberflächliche Schicht von Humus beschränkt haben müssen, von welchem täglich große Mengen verschluckt wurden. Auf einer anderen Stelle in keiner großen Entfernung davon waren die Exkremente weiß; warum die Würmer an gewissen Stellen sich in die Kreide eingebohrt haben und an anderen nicht, bin ich nicht imstande zu vermuten.

Auf meiner Besitzung waren zwei große Haufen Blätter zum Verwesen liegen gelassen worden, und noch Monate nach ihrer Entfernung war die nackte, mehrere Yards im Durchmesser haltende Oberfläche so dicht mit Wurmexkrementen mehrere Monate hindurch bedeckt, dass sie eine beinahe zusammenhängende Schicht bildeten; die große Anzahl von Würmern, welche hier lebte, muss während dieser Monate von der in der schwarzen Erde enthaltenen nahrhaften Substanz gelebt haben.

Von einem anderen Haufen faulender Blätter wurde die unterste, mit etwas Erde vermischte Schicht unter einer starken Vergrößerung untersucht; die Anzahl von Sporen verschiedener Form und Größe, welche dieselbe enthielt, war erstaunlich groß; und diese, im Kaumagen der Würmer zerquetscht, wird in hohem Maß dazu beigetragen haben, sie zu ernähren. Wo nur immer Exkrementmassen in der größten Menge aufgeworfen werden, werden wenige oder gar keine Blätter in die Röhren eingezogen; so wurde beispielsweise der Rasen entlang einer ungefähr 200 Yards langen Hecke im Herbst täglich während mehrerer Wochen beobachtet, und jeden Morgen waren frische Exkrementhaufen zu sehen; aber nicht ein einziges Blatt wurde in diese Höhlen hineingezogen. Nach der schwarzen Färbung dieser Exkrementmassen und nach der Beschaffenheit des Untergrundes konnten dieselbe aus keiner größeren Tiefe als aus 6 oder 8 Zoll heraufgeschafft worden sein. Wovon hätten nun die Würmer während dieser ganzen Zeit leben können, wenn nicht von der in der schwarzen Erde enthaltenen Substanz? Wo dagegen andererseits nur immer eine große Zahl von Blättern in die Röhren gezogen wurden, schienen die Würmer hauptsächlich von ihnen zu leben, denn dann werden nur wenige erdige Exkremente auf der Oberfläche aufgeworfen. Diese Verschiedenheit in dem Benehmen der Würmer zu verschiedenen Zeiten erklärt vielleicht eine Angabe Claparèdes, dass nämlich zerkleinerte Blätter und Erde immer in verschiedenen Teilen ihres Darmkanals gefunden werden.

Würmer sind zuweilen an Stellen außerordentlich häufig, wo sie nur selten oder niemals abgestorbene oder frische Blätter erhalten können, so beispielsweise unter dem Pflaster in sorgfältig gekehrten Höfen, wohin nur gelegentlich Blätter geweht werden. Mein Sohn Horace untersuchte ein Haus, dessen eine Ecke sich gesenkt hatte; und hier fand er im Keller, welcher im äußersten Maß feucht war, kleine Wurmexkrementhaufen zwischen den Steinen aufgeworfen, mit denen der Keller gepflastert war; und in diesem Fall ist es unwahrscheinlich, dass die Würmer überhaupt jemals Blätter erlangt haben.

Aber den besten mir bekannten Beweis dafür, dass Würmer wenigstens während beträchtlicher Perioden ausschließlich von der in der Erde enthaltenen organischen Substanz leben, bieten einige Tatsachen dar, welche mir Dr. King mitgeteilt hat. In der Nähe von Nizza finden sich große Exkrementmassen in ganz außerordentlicher Anzahl, sodass häufig 5 oder 6 innerhalb eines Quadratfußes Oberfläche gefunden wurden. Sie bestehen aus feiner, blass gefärbter, kalkige Substanz enthaltenden Erde, welche, nachdem sie durch den Körper der Würmer durchgegangen und getrocknet worden ist, mit beträchtlicher Kraft zusammenhängt. Ich habe Grund zur Annahme, dass diese Exkrementmassen von Arten der Gattung *Perichaeta* gebildet worden sind, die aus dem Orient hierher versetzt und naturalisiert worden sind.[37] Sie erheben sich wie Türme (Fig. 2); ihre Gipfel sind häufig ein wenig breiter als ihre Basen; ihre Höhe beträgt zuweilen über 3 und häufig 2 ½ Zoll. Der höchste unter denen, welche gemessen wurden, war 3,3 Zoll hoch und 1 Zoll im Durchmesser. Ein kleiner zylindrischer Gang läuft in der Mitte eines jeden solchen Turms in die Höhe; durch denselben steigt der Wurm hinauf, um die Erde, welche er verschluckt hat, auszuwerfen und dadurch die Höhe des Turmes etwas zu vergrößern. Ein Gebilde dieser Art würde es nicht leicht gestatten, dass Blätter von dem umgebenden Boden in die Röhren eingezogen werden; und Dr. King, welcher sorgfältig danach suchte, sah niemals auch nur ein Bruchstück eines Blattes in eine Röhre gezogen. Auch konnte keine Andeutung dafür entdeckt werden, dass die Würmer etwa an der äußeren Fläche dieser Türme hinabgekrochen wären, um Blätter zu suchen, und wenn sie dies getan hätten, würden beinahe sicher an dem oberen Teil, so lange er weich geblieben war, Spuren zurückgeblieben sein. Es

37 Dr. King gab mir einige in der Nähe von Nizza gesammelte Würmer, welche seiner Meinung nach diese Exkrementtürme gebildet haben. Sie wurden Herrn Perrier zugeschickt, welcher sie mit großer Liebenswürdigkeit untersuchte und mir bestimmte: Es waren *Perichaeta affinis*, ein Eingeborener von Cochinchina und den Philippinen, *S. luzonica*, ein Eingeborener von Luzon und den Philippinen, und *S. Houlleti*, welcher in der Nähe von Kalkutta lebt. Mr. Perrier teilt mir mit, dass Arten von *Perichaeta* in den Gärten in der Nähe von Montpellier und in Algier naturalisiert worden sind. Ehe ich irgendeinen Grund zur Vermutung hatte, dass die turmartigen Exkrementhaufen von Nizza von Würmern gebildet worden seien, welche nicht in dem Land endemisch sind, war ich sehr überrascht zu sehen, wie außerordentlich ähnlich dieselben den Exkrementmassen waren, die mir aus der Nähe von Kalkutta zugeschickt worden waren, wo es bekannt ist, dass Arten von *Perichaeta* äußerst häufig sind.

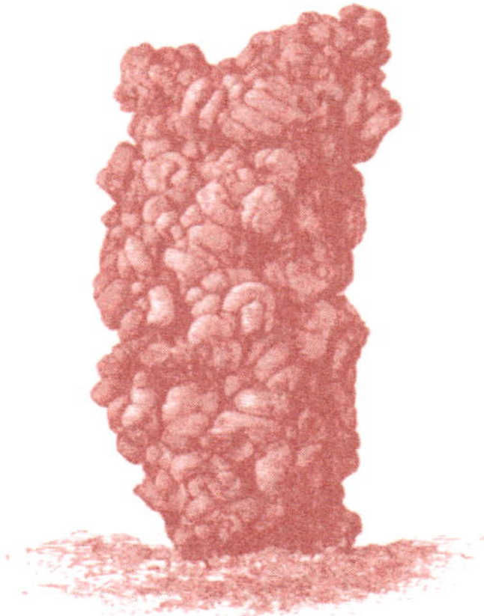

Fig. 2. Turmähnlicher Exkrementhaufen aus der Nähe von Nizza, aus Erde gebildet und wahrscheinlich von einer Spezies von *Perichaeta* ausgeleert; natürliche Größe, nach einer Fotografie kopiert.

folgt indes hieraus noch nicht, dass diese Würmer nicht während einer anderen Jahreszeit, in welcher sie keine solchen Türme bauen, Blätter in ihre Röhren ziehen.

Nach den verschiedenen vorstehend mitgeteilten Fällen kann es kaum bezweifelt werden, dass Würmer Erde verschlucken, und zwar nicht bloß zum Zweck, dadurch ihre Röhren auszuhöhlen, sondern auch um Nahrung zu erlangen. Hensen kommt indes nach seinen Humusanalysen zum Schluss, dass Würmer wahrscheinlich nicht von gewöhnlicher vegetabilischer Ackererde leben könnten, obschon er zugibt, dass sie bis zu einem gewissen Maß von Blätterhumus ernährt werden könnten.[38] Wir haben aber gesehen, dass Würmer gierig rohes Fleisch, Fett

38 Zeitschr. f. wiss. Zoolog. 28. Bd. 1877. S. 364.

und tote Würmer verschlingen, und gewöhnliche Ackererde kann kaum anders als viele Eier, Larven und kleine lebendige oder tote Geschöpfe enthalten, ebenso Sporen kryptogamer Pflanzen und Mikrokokken, wie diejenigen, welche den Salpeter entstehen lassen. Diese verschiedenen Organismen, in Verbindung mit etwas Cellulose aus allen den nicht vollständig verfaulten Blättern und Wurzeln, dürften wohl den Umstand erklären, dass so große Quantitäten von Humuserde von den Würmern verschluckt werden. Es dürfte vielleicht der Mühe wert sein, hier an die Tatsache zu erinnern, dass gewisse Spezies von *Utricularia,* welche an feuchten Orten in den Tropen leben, wundervoll zum Fangen kleinster unterirdisch lebender Tierchen eingerichtete Blasen besitzen; und diese Fallen würden nicht entwickelt worden sein, wenn nicht viele kleine Tiere einen derartigen Boden bewohnten.

Die Tiefe, bis zu welcher Würmer vordringen, und die Konstruktion ihrer Röhren. | Obschon die Würmer gewöhnlich in der Nähe der Oberfläche leben, so bohren sie sich doch während lange fortdauernden trockenen Wetters oder strenger Kälte bis zu einer beträchtlichen Tiefe ein. In Skandinavien, nach der Angabe von Eisen, und in Schottland, nach der Angabe von Mr. Lindsay Carnagie, erstrecken sich die Röhren hinab bis in eine Tiefe von 7 bis 8 Fuß, in Norddeutschland, nach der Angabe Hoffmeisters, von 6 bis 8 Fuß, doch gibt Hensen nur eine Tiefe von 3 bis 6 Fuß an. Der letztgenannte Beobachter hat Würmer in einer Tiefe von 1½ Fuß unter der Oberfläche gefroren gesehen. Ich selbst habe nicht viele Gelegenheiten zur Beobachtung gehabt, ich habe aber häufig Würmer in Tiefen von 3 bis 4 Fuß angetroffen. In einer auf der Kreide ruhenden Schicht feinen Sandes, welche nie gestört worden war, wurde bei 55 Zoll Tiefe ein Wurm in zwei Stücke zerschnitten, und ein anderer wurde hier im Dezember bei 61 Zoll unter der Oberfläche auf dem Boden seiner Röhre gefunden. Endlich wurde in Erde in der Nähe einer alten römischen Villa, welche viele Jahrhunderte nicht aufgestört worden war, ein Wurm in der Tiefe von 66 Zoll angetroffen; und dies war in der Mitte des August.

Die Röhren laufen senkrecht oder, gewöhnlicher, ein wenig schräg hinab. Es wird zuweilen angegeben, dass sie sich verzweigen; soviel ich aber gesehen habe, kommt dies nicht vor, ausgenommen in frisch gegrabenem Boden und nahe der Oberfläche. Sie sind meistens, oder wie ich glaube ausnahmslos, mit einer dünnen Schicht feiner, dunkel gefärbter, von den Würmern ausgeleerter Erde ausgekleidet, sodass sie ursprünglich ein wenig weiter gemacht worden sein müssen, als ihr schließlicher Durchmesser beträgt. Ich habe mehrere Wurmröhren in ungestört gewesenem Sand bei einer Tiefe von 4 Fuß 6 Zoll in dieser Weise ausgekleidet gesehen. Die Wände frischer Röhren sind häufig mit kleinen kugeligen Ballen aus dem Darm entleerter Erde, die noch weich und klebrig ist, besetzt; und allem Anschein nach werden diese durch den Wurm, wie er in seiner Röhre auf- und abwärtsfährt, gleichmäßig nach allen Seiten ausgebreitet. Die so gebildete Auskleidung wird, wenn sie beinahe trocken ist, sehr kompakt und glatt und passt genau über den Körper des Wurms. Die äußerst kleinen, rückwärts gerichteten Borsten, welche in Reihen an allen Seiten des Körpers vorspringen, haben dadurch ausgezeichnete Unterstützungspunkte, und im Ganzen ist die Röhre für die rapiden Bewegungen des Wurms vortrefflich eingerichtet. Der Überzug scheint auch die Wände der Röhren zu verstärken und sichert vielleicht den Wurmkörper vor dem Gekratztwerden. Ich glaube dies deshalb, weil mehrere Röhren, welche durch eine Schicht gesiebter und über Rasen in einer Mächtigkeit von 1½ Zoll ausgebreiteter Kohlenschlacken durchtreten, in dieser Weise in einer ungewöhnlichen Dicke ausgekleidet waren. Nach den Exkrementmassen zu urteilen, hatten in diesem Fall die Würmer die Schlackenstückchen nach allen Seiten fortgeschoben und hatten keine derselben verschluckt. An einer anderen Stelle traten ähnlich ausgekleidete Wurmröhren durch eine Schicht grober Kohlenschlacken von 3½ Zoll Dicke. Wir sehen hieraus, dass die Wurmröhren nicht einfache Aushöhlungen sind, sondern eher mit Tunnels verglichen werden können, die mit Zement ausgekleidet sind.

Die Mündungen der Röhren sind außerdem häufig mit Blättern ausgekleidet oder gefüttert; und dies ist ein von dem die Mündungen zu verstopfen verschiedener Instinkt, welcher bis jetzt noch nicht bemerkt worden zu sein scheint. In zwei Töpfen gefangen gehaltenen Würmern wurden viele Blätter der gemeinen Kiefer oder Föhre *(Pinus sylvestris)* gegeben; und als nach mehreren Wochen die Erde sorgfältig aufgebrochen wurde, stellte sich heraus, dass die oberen Teile dreier schräger Wurmröhren in einer Ausdehnung von 7, 4 und 3½ Zoll mit Kiefernblättern, zusammen mit anderen Blättern, welche den Würmern zur Nahrung gegeben waren, umgeben waren. Glasperlen und Stückchen Ziegel, welche auf die Oberfläche des Bodens gestreut worden waren, waren in die Zwischenräume zwischen die Kiefernblätter eingesteckt, und dieselben Zwischenräume waren gleichfalls noch mit den klebrigen, von den Würmern ausgeleerten Exkrementrollen gepflastert. Die in dieser Weise hergestellten Gebilde hingen so gut zusammen, dass es mir gelang, ein solches mit ein wenig daran hängender Erde zu entfernen. Es bestand aus einem unbedeutend gekrümmten zylindrischen Gehäuse, dessen Inneres durch Löcher in den Seiten und an beiden Enden gesehen werden konnte. Die Kiefernblätter waren sämtlich mit ihrer Basis hineingezogen worden, und die scharfen Spitzen der Nadeln waren in den Überzug von ausgeleerter Erde hineingedrückt worden. Wäre dies nicht in erfolgreicher Weise ausgeführt worden, so würden die scharfen Spitzen das Zurückziehen der Würmer in ihre Höhlen verhindert haben, es würden dann diese Gebilde Fallen ähnlich geworden sein, die, mit konvergierenden Drahtspitzen versehen, den Eintritt eines Tieres leicht, seinen Austritt aber schwierig oder unmöglich machen. Die von diesen Würmern entfaltete Geschicklichkeit ist beachtenswert, und sie ist umso merkwürdiger, als die Kiefer in diesem Teil Englands nicht heimisch ist.

Nachdem ich diese von gefangen gehaltenen Würmern verfertigten Röhren untersucht hatte, sah ich nach einigen in einem Blumenbeet in der Nähe einiger Föhren. Sie waren sämtlich in der gewöhnlichen Art und Weise mit den Blättern dieses Baumes, welche bis zu einer Länge von 1 bis 1½ Zoll eingezogen worden waren, zugestopft; aber die Mündungen vieler von ihnen waren gleicherweise mit diesen Blättern, untermischt mit Bruchstücken anderer Blätterarten, die bis zu einer Tiefe von 4 oder 5 Zoll hineingezogen worden waren, ausgefüttert. Wie früher angegeben worden ist, bleiben Würmer häufig lange in der Nähe der Mündungen ihrer Röhren liegen, augenscheinlich der Wärme wegen; und die korbartigen, aus Blättern hergestellten Gebilde werden ihren Körper davor behüten, dass sie mit der kalten feuchten Erde in dichte Berührung kommen. Dass sie gewöhnlich auf den Kiefernblättern ruhten, wurde dadurch wahrscheinlich, dass diese reine und beinahe polierte Oberflächen hatten.

Die Röhren, welche sehr tief in den Boden hinab laufen, enden meistens, oder wenigstens häufig, mit einer kleinen Erweiterung oder Kammer. Hier verbringen, nach der Angabe von Hoffmeister, ein oder mehrere Würmer, zu einer Kugel aufgerollt, den Winter. Mr. Lindsay Carnagie teilte mir (1838) mit, dass er viele Wurmröhren über einem Steinbruch in Schottland untersucht habe, wo der darüberliegende Lößton und die Humusschicht vor Kurzem weggeräumt und ein kleiner senkrechter Felsabhang übrig gelassen war. In mehreren Fällen war ein und dieselbe Röhre an zwei oder drei Stellen, einer über der anderen, ein wenig erweitert, und sämtliche Röhren endeten in einer Tiefe von 7 oder 8 Fuß unter der Oberfläche in einer ziemlich großen Kammer. Diese Kammern enthielten viele kleine scharfe Steinstückchen und Hülsen von Flachssamen. Sie müssen auch lebende Samen enthalten haben, denn im folgenden Frühjahr sah Mr. Carnagie Graspflanzen aus einigen der durchschnittenen Kammern herauswachsen. Ich fand in Abinger in Surrey zwei Röhren, welche in einer Tiefe von 36 und 41 Zoll in ähnlichen Kammern endeten, und diese waren mit kleinen Geschiebesteinen, ungefähr so groß wie Senfkörner, ausgekleidet oder gepflastert; und in einer dieser Kammern war ein verfaultes Haferkorn mit seiner Hülse. Hensen gibt gleichfalls an, dass der Boden der Röhren mit kleinen Steinen gepflastert ist; und wo diese nicht zu beschaffen waren, waren Samenkörner, wie es schien von der Birne, benutzt worden; davon waren nicht weniger als fünfzehn in eine einzige Röhre hinabgeschafft worden, und eines derselben hatte gekeimt[39]. Wir sehen hieraus, wie leicht hier ein Botaniker getäuscht werden könnte, welcher zu erfahren wünschte, wie lange tief eingegrabene Samen am Leben bleiben können, wenn er aus einer beträchtlichen Tiefe Erde sammelte, unter der Voraussetzung, dass sie nur solche Samenkörner enthalten könne, welche lange Zeit begraben gelegen hätten. Es ist wahrscheinlich, dass die kleinen Steinchen ebenso wie die Samenkörner dadurch von der Oberfläche hinabgeschafft worden sind, dass sie verschluckt wurden; denn von in Töpfen gehaltenen Würmern wurde eine überraschend große Zahl von Glasperlen, Ziegel- und Glasstückchen sicher in dieser Weise hinabgeschafft; einige dürften aber auch im Mund gehalten hinabgebracht worden sein. Die einzige vermutungsweise Vorstellung, welche ich mir darüber bilden kann, warum die Würmer ihren Winteraufenthaltsort mit kleinen Steinen und Samen auskleiden, ist die, dass sie dadurch verhüten wollen, dass ihr dicht aufgerollter Körper mit dem umgebenden kalten Boden in dichte Berührung kommt; eine derartige Berührung würde vielleicht ihre Respiration stören, welche nur durch die Haut vermittelt wird.

Nachdem ein Wurm Erde verschluckt hat – mag er es behufs Aushöhlung seiner Röhre oder zur Ernährung getan haben –, kommt er an die Oberfläche, um seinen Körper zu entleeren. Die ausgeworfene Erde ist mit den Absonderungen der Darmwände durch und durch vermischt und ist dadurch klebrig geworden. Nachdem sie ausgetrocknet ist, wird sie hart. Ich habe Würmer während des Aktes der Entleerung beobachtet; war die Erde in einem sehr flüssigen Zustand, so wurde sie in

39 Zeitschr. f. wiss. Zoologie. 28. Bd. 1877. S. 356.

kleinen Stößen ausgeworfen, war sie nicht so flüssig, so folgte die Entleerung durch eine langsame peristaltische Bewegung. Sie wird nicht unterschiedslos auf irgendeine Seite hingeworfen, sondern mit ziemlicher Sorgfalt zuerst nach der einen Seite und dann nach einer anderen; der Schwanz wird dabei fast wie eine Kelle benutzt. Sobald ein kleiner Haufen gebildet worden ist, vermeidet der Wurm, augenscheinlich der Sicherheit wegen, seinen Schwanz vorzustrecken; und die erdige Masse wird durch die vorausgehend entleerte weiche Masse hinaufgetrieben. Die Mündung ein und derselben Röhre wird eine beträchtliche Zeit hindurch zu diesem Zweck benutzt. Was die turmartigen Exkrementhaufen (s. Fig. 2) aus der Nähe von Nizza und die ähnlichen, aber noch höheren aus Bengalen (welche später noch beschrieben und abgebildet werden) betrifft, so wird ein ansehnlicher Grad von Geschicklichkeit bei ihrer Bildung entfaltet. Auch beobachtete Dr. King, dass der Gang aufwärts durch diese turmartigen Massen kaum jemals in genau derselben Linie mit der darunterliegenden Röhre verlaufe, sodass ein dünner zylindrischer Gegenstand, wie z. B. ein Grashalm, nicht durch den Turm in die Röhre eingeführt werden konnte; diese Änderung in der Richtung dient wahrscheinlich in irgendwelcher Weise zum Schutz. Wenn ein Wurm an die Oberfläche kommt, um Erde auszuwerfen, so streckt er den Schwanz vor; wenn er aber Blätter einsammelt, muss er seinen Kopf vorstrecken. Es müssen daher die Würmer die Fähigkeit haben, sich in ihren ihrem Körper dicht anpassenden Röhren herumzudrehen; und dies ist, wie es uns scheint, eine schwierige Leistung.

Würmer werfen nicht immer ihre Exkrementhaufen auf die Oberfläche des Bodens aus. Wenn sie irgendeine

Höhle finden können, so z. B. wenn sie in frisch umgegrabene Erde bohren oder zwischen den Stämmen umdämmter Pflanzen, so legen sie ihre Exkrementmassen an solchen Orten ab. So wird ferner jede Höhle unter einem großen an der Oberfläche der Erde liegenden Stein bald mit ihren Exkrementmassen ausgefüllt. Nach der Angabe von Hensen werden gewöhnlich alte Wurmröhren zu diesem Zweck benützt; soweit aber meine Erfahrung reicht, ist dies nicht der Fall, ausgenommen diejenigen in der Nähe der Oberfläche in vor Kurzem umgegrabenem Boden. Ich glaube, dass Hensen dadurch getäuscht worden sein dürfte, dass die Wände alter, mit schwarzer Erde ausgekleideter Röhren eingesunken oder zusammengefallen waren; denn hierdurch werden schwarze Streifen zurückgelassen, und diese sind, wenn sie hell gefärbten Boden durchziehen, in die Augen fallend und dürften wohl für vollständig angefüllte Röhren gehalten werden können.

Es ist sicher, dass alle Wurmröhren mit der Zeit zusammenfallen; denn, wie wir im nächsten Kapitel sehen werden, die feine, von den Würmern ausgeleerte Erde würde, wenn sie gleichmäßig ausgebreitet würde, an vielen Stellen im Lauf eines Jahres eine Schicht von $^1/_5$ Zoll Mächtigkeit bilden, sodass jedenfalls wenigstens diese große Menge nicht innerhalb der alten, nicht gebrauchten Röhren abgelagert wird. Wenn die Röhren nicht zusammenfielen, würde der ganze Boden zuerst mit Röhren bis zu einer Tiefe von ungefähr zehn Zoll dicht durchsiebt sein, und in fünfzig Jahren würde ein hohler, nicht unterstützter Raum von zehn Zoll Tiefe übrig sein. Auch die durch das Wegfaulen der nacheinander gebildeten Wurzeln von Bäumen und anderen Pflanzen gebildeten Höhlen müssen im Verlauf der Zeit zusammensinken.

Die Röhren der Würmer laufen senkrecht oder ein wenig schräg nach unten, und wo der Boden nur überhaupt etwas tonig ist, begegnet die Annahme keiner Schwierigkeit, dass die Wandungen während sehr nassen Wetters langsam nach innen fließen oder gleiten. Wenn indes der Boden sandig oder mit vielen kleinen Steinen vermischt ist, kann er kaum klebrigzäh genug sein, um selbst während des nassesten Wetters nach innen zu fließen; es dürfte hier aber eine andere Erscheinung ins Spiel kommen. Nach vielem Regen schwillt der Boden an, und da er sich nicht nach der Seite hin ausdehnen kann, erhebt sich die Oberfläche; während trockenen Wetters sinkt sie wieder ein. So sank beispielsweise ein großer flacher, auf die Oberfläche eines Feldes gelegter Stein, solange das Wetter trocken war, zwischen dem 9. Mai und 13. Juni um 3,33 mm ein und erhob sich zwischen dem 7. und 19. September wieder um 1,91 mm, nachdem während des letzten Teils dieser Zeit viel Regen gefallen war. Während der Fröste und der Periode des Taues waren diese Bewegungen zweimal so groß. Diese Beobachtungen wurden von meinem Sohn Horace angestellt, welcher später eine Darstellung der Bewegungen dieses Steines während aufeinanderfolgender nasser und trockener Zeiten und der Wirkungen des Unterminierens desselben durch die Würmer veröffentlichen wird. Wenn nun der Boden von zylindrischen Röhren, wie von Wurmröhren, durchbohrt ist, so werden, wenn die Erde anschwillt, die Wandungen der Röhren leicht nachgeben und nach innen gedrückt werden; und infolge des bedeutenden Gewichts der darüberliegenden Erde wird das Nachgeben in den tieferen Teilen (vorausgesetzt, dass das Ganze gleichmäßig durchfeuchtet ist) größer sein als in den Teilen näher an der Oberfläche. Wenn die Erde zusammentrocknet, werden die Wandungen ein wenig zusammenschrumpfen, und die Röhren werden ein wenig erweitert werden. Ihre Erweiterung durch die seitliche Zusammenziehung des Bodens wird indessen durch das Gewicht der darüberliegenden Erde nicht begünstigt, vielmehr eher verhindert werden.

Verbreitung der Regenwürmer. | Regenwürmer finden sich in allen Teilen der Erde, und einige Gattungen derselben haben eine ungeheure Verbreitung.[40] Sie leben auf den allerisoliertest gelegenen Inseln; sie sind auf Island äußerst zahlreich, und es ist bekannt, dass sie in Westindien, auf St. Helena, Madagaskar, Neukaledonien und Tahiti existieren. Aus den antarktischen Gebieten sind Regenwürmer von Kerguelen-Land von Ray Lankester beschrieben worden; und ich habe solche auf den Falkland-Inseln gefunden. Auf welche Weise sie derartige isolierte Inseln erreichen, ist für jetzt vollständig unbekannt. Sie werden leicht durch Salzwasser getötet, und es scheint nicht wahrscheinlich zu sein, dass junge Würmer oder Eierkapseln mit den Füßen oder Schnäbeln von Landvögeln anhängender Erde weitergeschafft werden könnten. Übrigens wird Kerguelen-Land gegenwärtig nicht von einem einzigen Landvogel bewohnt.

Wir haben es in dem vorliegenden Band hauptsächlich mit der von Würmern aufgeworfenen Erde zu tun, und ich habe einige Tatsachen über diesen Gegenstand in Bezug auf entfernte Länder gesammelt. In den Vereinigten Staaten von Nordamerika werfen die Würmer Massen von Exkrementhaufen auf. In Venezuela sind Exkrementhaufen, welche wahrscheinlich von Arten der Gattung

40 Perrier, in: Arch. de Zoolog. expérim. Tom. 3. 1874. S. 878.

Urochaeta aufgeworfen werden, in den Gärten und auf den Feldern häufig, wie ich aber von Dr. Ernst in Caracas höre, nicht in den Wäldern. Auf dem eine Flächenausdehnung von 200 Quadratyards haltenden Hof-Raum an seinem Haus sammelte er 156 Exkrementmassen. Sie schwankten in der Größe von einem halben Kubikzentimeter bis zu fünf Kubikzentimeter und maßen im Mittel drei Kubikzentimeter. Sie waren daher klein, verglichen mit denen, welche man häufig in England findet, denn sechs große Exkrementmassen von einem Feld in der Nähe meines Hauses maßen im Mittel 16 Kubikzentimeter. In St. Catharina in Südbrasilien sind mehrere Spezies von Regenwürmern häufig; und Fritz Müller teilt mir mit, »dass an den meisten Stellen der Wälder und Weideländereien der ganze Boden bis zur Tiefe von einem viertel Meter so aussieht, als wäre er wiederholt durch die Darmkanäle von Würmern gegangen, selbst wenn kaum irgendwelche Exkrementhaufen auf der Oberfläche zu sehen sind.« Man findet dort, freilich sehr selten, eine riesengroße Art, deren Röhren zuweilen nicht weniger als zwei Zentimeter oder nahezu 4/5 Zoll im Durchmesser groß sind und welche allem Anschein nach den Boden bis zu einer bedeutenden Tiefe durchbohren.

Ich hatte kaum erwartet, dass in dem trockenen Klima von Neusüdwales Würmer gemein sein würden; Dr. G. Krefft von Sydney teilt mir aber, nachdem er sich bei Gärtnern und anderen Leuten erkundigt hatte, ebenso wie nach seinen eigenen Beobachtungen mit, dass Wurmexkremente äußerst häufig sind. Er schickte mir einige nach heftigem Regen gesammelte, sie bestanden aus kleinen Häufchen von ungefähr 0,15 Zoll Durchmesser; die schwarze sandige Erde, aus welcher sie gebildet waren, hing noch immer mit beträchtlicher Zähigkeit zusammen.

Der verstorbene Mr. John Scott vom botanischen Garten in Kalkutta hat in meinem Interesse viele Beobachtungen über die in dem heißen und feuchten Klima von Bengalen lebenden Würmer angestellt. Die Exkrementhaufen sind beinahe überall äußerst häufig, im Dschungel und auf offenem Boden, und zwar, wie er meint, in noch höherem Maß als in England. Nachdem sich das Wasser von den überfluteten Reisfeldern zurückgezogen hat, wird die ganze Fläche sehr bald mit Exkrementmassen dicht besetzt – eine Tatsache, welche Mr. Scott sehr überraschte, da er nicht wusste, wie lange Würmer unter Wasser leben können. Im botanischen Garten rufen sie viele Unannehmlichkeiten hervor; »denn einige unserer schönsten Rasenplätze lassen sich nur dadurch einigermaßen in Ordnung halten, dass sie täglich gewalzt werden; lässt man sie nur einige wenige Tage ungestört, so werden sie mit großen Exkrementhaufen dicht besetzt.« Dieselben sind denen außerordentlich ähnlich, welche als bei Nizza sehr häufig vorkommend erwähnt wurden; sie sind wahrscheinlich das Werk einer Spezies von *Perichaeta.* Sie erhoben sich wie kleine Türme, mit einem offenen Gang in der Mitte.

Es wird hier eine Abbildung eines dieser Exkrementhaufen nach einer Fotografie mitgeteilt (Fig. 3). Der größte, den ich erhalten habe, maß 3 ½ Zoll in der Höhe und 1,35 Zoll im Durchmesser; ein anderer maß nur ¾ Zoll im Durchmesser und 2 ¾ Zoll in der Höhe. Im folgenden Jahr maß Mr. Scott mehrere von den größten Exkrementhaufen; der eine war 6 Zoll hoch und hatte nahezu 1 ½ Zoll im Durchmesser; zwei andere waren 5 Zoll hoch und maßen 2 und 2 ½ Zoll im Durchmesser.

Das mittlere Gewicht von den 22 mir gesandten Exkrementmassen war 35 Gramm (1 ¼ Unze), und einer derselben wog 44,8 Gramm (oder 2 Unzen). Diese sämtlichen Exkrementmassen wurden entweder in einer Nacht aufgeworfen oder in zweien. Wo in Bengalen der Boden trocken ist, wie unter großen Bäumen, finden sich Exkrementmassen einer verschiedenen Art in ungeheurer Zahl: Dieselben bestehen aus kleinen ovalen oder konischen Körpern von ungefähr 1/20 bis etwas über 1/10 Zoll Länge. Sie werden offenbar von einer verschiedenen Spezies von Würmern ausgeleert.

Die Periode, während welcher die Würmer in der Nähe von Kalkutta eine solche außerordentliche Tätigkeit entfalten, dauert nur wenig über zwei Monate, nämlich während der kühlen Jahreszeit nach der Regenperiode. Zu dieser Zeit sind die Würmer meistens ungefähr 10 Zoll unterhalb der Oberfläche zu finden. Während der heißen Jahreszeit bohren sie sich in eine größere Tiefe ein und sind dann zusammengerollt und augenscheinlich Sommerschlaf haltend zu finden. Mr. Scott hat sie nie in einer größeren Tiefe als 2 ½ Fuß gefunden, er hat aber dann gehört, dass sie bei 4 Fuß Tiefe gefunden worden sind. Innerhalb der Wälder sind frische Exkrementhaufen selbst während der heißen Jahreszeit zu finden. Im botanischen Garten ziehen die Würmer während der kühleren und trockenen Jahreszeit viele Blätter und kleine Zweigstückchen in die Mündungen ihrer Röhren, wie unsere englischen Regenwürmer; während der Regenzeit tun sie dies aber nur selten.

Mr. Scott hat Wurmexkrementmassen auf den hohen Bergen von Sikkim in Nordindien gesehen. In Süd-Indien fand Dr. King an einer Stelle, auf dem Plateau der Nilgiris, in einer Erhebung von 7.000 Fuß »ziemlich viele

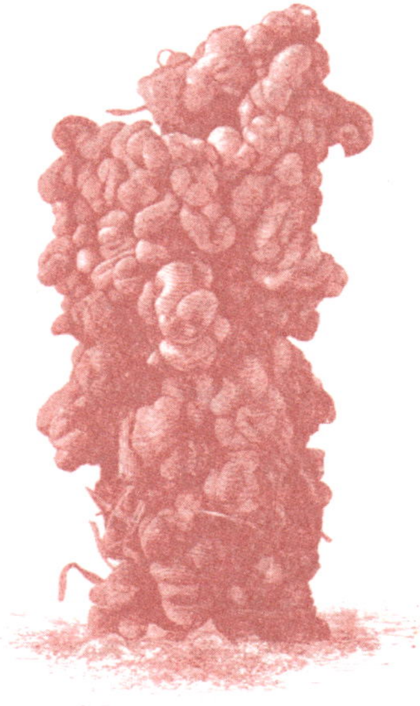

Fig. 3. Ein turmartiger Exkrementhaufen, wahrscheinlich von einer Spezies von *Perichaeta* ausgeworfen, aus dem botanischen Garten in Kalkutta; natürliche Größe, nach einer Fotografie in Holz geschnitten.

Exkrementhaufen«, welche ihrer bedeutenden Größe wegen interessant sind. Die Würmer, welche dieselben auswerfen, sind nur während der nassen Jahreszeit zu sehen und sollen dem Berichte nach von 12 bis 15 Zoll in der Länge messen und so dick sein wie der kleine Finger eines Mannes. Diese Exkrementmassen wurden von Dr. King nach einer Periode von 110 Tagen ohne irgendwelchen Regen gesammelt; sie mussten entweder während des Nordostmonsun oder noch wahrscheinlicher während des vorhergehenden Südwestmonsun ausgeworfen worden sein, denn ihre Oberflächen hatten

Fig. 4. Ein Exkrementhaufen von den Nilgiri-Bergen in Südindien; natürliche Größe, nach einer Fotografie in Holz geschnitten.

etwas durch Zersetzung gelitten, auch waren sie von vielen feinen Wurzeln durchsetzt. Es wird hier eine Abbildung von einer derselben mitgeteilt (Fig. 4), welche noch am besten ihre ursprüngliche Größe und ihr ursprüngliches Aussehen bewahrt zu haben scheint. Trotz etwas Verlusts infolge der Zersetzung wogen von fünf von den größten dieser Exkrementmassen (nachdem sie gut in der Sonne getrocknet waren), im Mittel eine jede 89,5 Gramm oder über 3 Unzen, und die größte wog 123,14 Gramm oder 4 ⅓ Unzen – d.h. über ein Viertel Pfund! Die größten Windungen waren etwas mehr als einen Zoll im Durchmesser; wahrscheinlich aber hatten sie sich, während sie weich waren, etwas gesenkt, und es war dadurch ihr Durchmesser etwas vergrößert worden. Einige waren so stark auseinandergeflossen, dass sie gegenwärtig aus einer Säule übereinanderliegender, platter zusammenfließender Kuchen bestanden. Sie waren sämtlich aus feiner, im Ganzen hell gefärbter Erde gebildet und waren überraschend hart und kompakt, ohne Zweifel infolge der animalen Substanz, durch welche die Erdpartikelchen miteinander verkittet waren. Sie fielen nicht auseinander, selbst wenn sie einige Stunden lang im Wasser liegen gelassen wurden. Obgleich sie auf die Oberfläche eines kiesigen Bodens ausgeworfen worden waren, enthielten sie doch nur äußerst wenige Steinstückchen, von denen das größte nur 0,15 Zoll im Durchmesser hatte.

Dr. King sah in Ceylon einen Wurm von ungefähr 2 Fuß Länge und ½ Zoll im Durchmesser; es wurde ihm gesagt, dass dies eine während der nassen Jahreszeit sehr häufige Spezies sei. Diese Würmer müssen Exkrementhaufen auswerfen, welche mindestens ebenso groß sind wie die auf den Nilgiri-Bergen; während seines kurzen Aufenthalts auf Ceylon sah aber Dr. King keine davon. Es sind nun Tatsachen in genügender Zahl aufgeführt worden, welche zeigen, dass die Würmer mit dem Heraufschaffen feiner Erde an die Oberfläche in den meisten oder allen Teilen der Erde und unter den allerverschiedenartigsten Klimaten eine große Arbeit verrichten.

Drittes Kapitel.

Die Menge feiner Erde, die von Würmern an die Oberfläche geschafft wird.

Schnelligkeit, mit welcher verschiedene auf die Oberfläche von grasbewachsenen Feldern verstreute Gegenstände von den Exkrementen der Würmer bedeckt werden. | Das Begraben eines gepflasterten Wegs. | Das langsame Einsinken großer auf der Oberfläche liegen gelassener Steine. | Die Anzahl der auf einem gegebenen Raum lebenden Würmer. | Das Gewicht der aus einer Wurmröhre und aus sämtlichen Wurmröhren innerhalb eines gegebenen Raumes ausgeworfenen Erde. | Die Mächtigkeit der Ackererdeschicht, welche die Exkremente auf einem gegebenen Raum innerhalb einer gegebenen Zeit bilden würden, wenn sie gleichmäßig ausgebreitet würden. | Die geringe Schnelligkeit, mit welcher Ackererde sich zu einer bedeutenden Mächtigkeit ansammeln kann. | Schluss.

Wir kommen jetzt zu dem mehr unmittelbaren Gegenstand des vorliegenden Bandes, nämlich zu der Menge Erde, welche durch die Würmer von unterhalb der Oberfläche heraufgeschafft und später durch den Regen und Wind mehr oder weniger vollständig ausgebreitet wird. Die Menge kann nach zwei Methoden beurteilt werden – nach der Schnelligkeit, mit welcher an der Oberfläche liegen gelassene Gegenstände begraben werden, und genauer durch Wägen der innerhalb einer gegebenen Zeit heraufgeschafften Erde.

In der Nähe von Maer Hall in Staffordshire war um das Jahr 1827 herum ungelöschter Kalk dick über ein Feld mit gutem Weideland ausgebreitet worden, welches seitdem nicht gepflügt worden war. Anfang Oktober 1837 wurden einige viereckige Löcher in das Feld gegraben. Die Durchschnitte zeigten eine von den verfilzten Wurzeln der Gräser gebildete ½ Zoll dicke Schicht Rasen, unterhalb welcher in einer Tiefe von 2½ Zoll (oder 3 Zoll unter der Oberfläche) eine Lage jenes Kalkes in Pulver oder in kleinen Stückchen an den senkrechten Seiten der Höhlen ganz ringsherumlaufend deutlich unterschieden werden konnte. Der Boden unterhalb der Kalkschicht war entweder kiesig oder von einer grobsandigen Beschaffenheit und wich beträchtlich im Aussehen von der darüberliegenden feinen, dunkel gefärbten Ackererde ab. Kohlenschlacken waren über einen Teil dieses nämlichen Feldes entweder 1833 oder 1834 ausgebreitet worden, und als die oben erwähnten Höhlen gegraben wurden – das ist also nach einem Zwischenraum von drei oder vier Jahren –, bildeten die Schlacken eine Linie schwarzer Flecke rings um die Höhlen in einer Tiefe von 1 Zoll unter der Oberfläche, parallel mit und über der weißen Kalkschicht. Über einem anderen Teil dieses Feldes waren nur ungefähr vor einem halben Jahr Schlacken ausgestreut worden, und diese lagen entweder noch immer auf der Oberfläche oder waren zwischen den verwickelten Wurzeln der Gräser eingeschlossen; und hier sah ich den Anfang des Eingrabungsprozesses; denn Wurmexkremente waren auf mehreren der kleinen Bruchstücke angehäuft worden. Nach einem Zwischenraum von 4¾ Jahren wurde dieses Feld von Neuem untersucht, und nun ergab sich, dass die zwei Schichten von Kalk und Schlacken beinahe überall in einer um nahezu einen Zoll, wir wollen sagen um ¾ Zoll größeren Tiefe lagen als vorher. Es war daher Humus in einer mittleren Dicke von 0,22 Zoll jährlich von den Würmern heraufgeschafft und auf der Oberfläche dieses Feldes ausgebreitet worden.

Auf einem anderen Feld waren zu einer Zeit, welche nicht positiv ermittelt werden konnte, Kohlenschlacken so dick ausgestreut worden, dass sie (Oktober 1837) in einer Tiefe von ungefähr 3 Zoll von der Oberfläche eine 1 Zoll dicke Schicht bildeten. Die Schicht war so kontinuierlich, dass die darüberliegende dunkle vegetabilische Ackererde mit dem Untergrund von rotem Ton nur durch die Wurzeln der Gräser zusammenhing; und wenn diese zerrissen wurden, fielen der Humus und der rote Ton auseinander. Auf einem dritten Feld, auf welchem Kohlenschlacken und gebrannter Mergel mehrere Male zu nicht bekannten Daten ausgestreut worden waren, wurden 1842 Löcher gegraben; und hier konnte in einer Tiefe von 3½ Zoll eine Schicht Schlacken verfolgt werden, unter welcher in einer Tiefe von 9½ Zoll von der Oberfläche sich eine Linie von Schlacken zusammen mit gebranntem Mergel fand. An den Seiten eines Loches fanden sich zwei Schlackenschichten zu 2 und 3½ Zoll unter der Oberfläche; und unter ihnen fanden sich in einer Tiefe von 9½ Zoll an einzelnen Stellen und an anderen Stellen von 10½ Zoll Bruchstücke gebrannten Mergels. Auf einem vierten Feld konnten zwei Schichten von Kalk, eine über der anderen, und unter ihnen eine Schicht von Schlacken und gebranntem Mergel in einer Tiefe von 10 bis 12 Zoll unter der Oberfläche deutlich unterschieden werden.

Ein Stück wüstes sumpfiges Land wurde eingefriedet, drainiert, gepflügt, geeggt und im Jahr 1822 dick mit gebranntem Mergel und Schlacken bedeckt. Es wurde mit Grassamen besät und trägt gegenwärtig eine erträglich gute, aber grobe Weide. Im Jahr 1837 oder 15 Jahre nach seiner Urbarmachung wurden Löcher in diesem Feld gegraben, und wir sehen in der beistehenden Zeichnung (Fig. 5), welche auf die Hälfte der natürlichen Größe verkleinert ist, dass der Rasen ½ Zoll dick war, unter welchem sich eine 2½ Zoll dicke Schicht vegetabilischer Ackererde fand. Diese Schicht enthielt keine Fragmente irgendwelcher Art; aber unterhalb derselben fand sich eine Humusschicht von 1½ Zoll Mächtigkeit, voll von Bruchstücken gebrannten Mergels, die durch ihre rote Farbe in die Augen fielen und von denen eines nahe auf dem Grund 1 Zoll lang war, und anderen Fragmenten von Kohlenschlacken zusammen mit einigen wenigen weißen Quarzkieseln. Unterhalb dieser Schicht und in einer Tiefe von 4½ Zoll von der Oberfläche traf man auf den ursprünglichen schwarzen torfigen sandigen Boden mit einigen wenigen Quarzsteinen. Hier waren also die Bruchstücke von gebranntem Mergel und die Kohlenschlacken im Verlauf von 15 Jahren von einer Schicht feiner Humuserde von nur 2½ Zoll Dicke, mit Ausschluss des Rasens, bedeckt worden. Sechseinhalb Jahre später wurde dieses Feld von Neuem untersucht, und die Bruchstücke fanden sich nun in einer Tiefe von 4 bis 5 Zoll unter der Oberfläche. Es waren daher in diesem Zwischenraum von 6½ Jahren ungefähr 1½ Zoll Ackererde der oberflächlichen Schicht hinzugefügt worden. Es überrascht mich, dass nicht eine größere Quantität während der ganzen 21½ Jahre heraufgeschafft worden war, denn in dem dicht darunterliegenden schwarzen torfigen Boden fanden sich viele Würmer. Es ist indessen wahrscheinlich, dass früher, solange der Boden arm blieb,

Fig. 5. Durchschnitt durch die Ackererde auf einem vor fünfzehn Jahren drainierten und urbar gemachten Feld, auf die Hälfte der natürlichen Größe reduziert. A. Rasen; B. vegetabilische Ackererde ohne irgendwelche Steine; C. Ackererde mit Bruchstücken von gebranntem Mergel, Kohlenschlacken und Quarzrollsteinen; D. aus schwarzem, torfigem Sand mit Quarzrollsteinen bestehender Untergrund.

Würmer selten waren, und dann wird sich natürlich die Ackererde langsam angehäuft haben. Die durchschnittliche jährliche Dickenzunahme für die ganze Periode beträgt 0,19 Zoll.

Zwei andere Fälle sind der Mitteilung wert. Im Frühjahr 1835 wurde ein Feld, welches lange als ärmliches Weideland existiert hatte und welches so morastig war, dass es leicht erzitterte, wenn darauf getreten wurde, dick mit rotem Sand bedeckt, sodass die ganze Oberfläche zuerst hellrot erschien. Als nach Verlauf von ungefähr 2½ Jahren Löcher auf diesem Feld gegraben wurden, bildete der Sand eine Lage in einer Tiefe von ¾ Zoll unter der Oberfläche. Im Jahr 1842 (d. i. 7 Jahre nachdem der Sand daraufgebracht worden war) wurden frische Löcher gegraben, und nun bildete der rote Sand eine deutliche Schicht 2 Zoll unter der Oberfläche oder 1½ Zoll unter dem Rasen, sodass im Mittel 0,21 Zoll Ackererde jährlich an die Oberfläche geschafft worden war. Unmittelbar unter der Schicht roten Sandes dehnte sich die ursprüngliche Unterlage schwarzen sandigen Torfes aus.

Ein mit Gras bewachsenes Stück Feld, gleichfalls nicht weit von Maer Hall, war früher dicht mit Mergel bedeckt worden und war dann für mehrere Jahre als Weide liegen geblieben. Ein Freund von mir ließ 28 Jahre nachdem der Mergel daraufgebracht worden war,[41] drei Gräben in diesem Feld graben, und es konnte eine Schicht von den Mergelbruchstücken in einer Tiefe von, sorgfältig gemessen, 12 Zoll an einigen Stellen und von 14 Zoll an anderen Stellen verfolgt werden. Diese Verschiedenheit in der Tiefe hängt davon ab, dass die Schicht horizontal war, während die Oberfläche deshalb, weil das Feld gepflügt

41 Dieser Fall ist in einem Zusatz zu meinem Aufsatz in den Transactions of the Geolog. Society, London, Vol. 5, S. 505 (Übersetzung: Kleinere geolog. Abhandlungen [Gesamm. Werke, 12. Bd., 2. Abt.] 1878. S. 98) mitgeteilt worden, welcher einen bedenklichen Irrtum enthält, da dort die Zahl 30 für »80« gelesen worden ist. Außerdem sagte mir auch der Pächter früher schon, dass er das Feld vor dreißig Jahren gemergelt habe, war nun aber ganz bestimmt in seiner Angabe, dass dies im Jahre 1809, also achtundzwanzig Jahre vor der ersten Untersuchung des Feldes durch einen Freund, geschehen sei. Der Irrtum wurde, was die Zahl 80 betraf, in einem Artikel in Gardeners' Chronicle, 1844, S. 218, von mir berichtigt.

worden war, aus Erhöhungen und Vertiefungen bestand. Der Pächter versicherte mir, dass es niemals bis zu einer größeren Tiefe als von 6 bis 8 Zoll umgestürzt worden sei, und da die Bruchstücke eine ununterbrochene horizontale Schicht von 12 bis 14 Zoll unter der Oberfläche bildeten, so müssen dieselben von den Würmern eingegraben worden sein, während das Feld noch Weideland war, ehe es gepflügt wurde; denn andernfalls würden sie ohne Auswahl durch den Pflug durch die ganze Dicke des Bodens verstreut worden sein. Viereinhalb Jahre später ließ ich drei Löcher auf diesem Feld, in welchem vor Kurzem Kartoffeln gepflanzt worden waren, graben, und die Schicht von Mergelbruchstücken wurde nun 13 Zoll unter dem Boden der Furchen und daher wahrscheinlich 15 Zoll unter dem allgemeinen Niveau des Feldes gefunden. Es ist indessen zu beachten, dass die Dicke des schwärzlichen sandigen Bodens, welcher von den Würmern im Verlauf von 33½ Jahren über die Mergelfragmente heraufgeschafft worden war, weniger als 15 Zoll gemessen haben würde, wenn das Feld immer als Weide liegen geblieben wäre; denn in diesem Fall würde der Boden viel mehr kompakt gewesen sein. Die Mergelbruchstücke lagen beinahe direkt auf einer nicht gestörten Unterlage von weißem Sand mit Quarzrollsteinen; und da dieser für Würmer wenig anziehend sein dürfte, würde der Humus später sehr langsam zugenommen haben.

Wir wollen nun einige Fälle von der Tätigkeit der Würmer in einem Boden anführen, welcher von den trockenen sandigen oder den eben beschriebenen morastigen Weiden sehr verschieden war. Die Kreideformation erstreckt sich rings um mein Haus in Kent herum und ihre Oberfläche ist, weil sie während einer ungeheuren Zeit der auflösenden Wirkung des Regenwassers ausgesetzt gewesen ist, äußerst unregelmäßig, indem sie von vielen tiefen brunnenartigen Höhlen besetzt und durchbrochen ist.[42] Während der Auflösung der Kreide

42 Diese Gruben oder Röhren sind noch immer in der Bildung begriffen. Während der letzten vierzig Jahre habe ich fünf Fälle gesehen oder von solchen gehört, in denen eine kreisförmige mehrere Fuß im Durchmesser große Stelle plötzlich einsank und auf dem Feld eine offene, einige Fuß tiefe Höhle mit senkrechten Seiten zurückließ. Dies ereignete sich auf einem meiner eigenen Felder, während es gewalzt wurde, wobei das Gabelpferd mit dem hinteren Teil hineinfiel; zwei oder drei Karren voll Schutt waren notwendig, das Loch auszufüllen. Das Einsinken kam an einer Stelle vor, wo schon eine breite muldenförmige Senkung bestand, als wenn die Oberfläche zu verschiedenen früheren Perioden eingesunken wäre. Ich habe von einem Loch gehört, welches auf dem Grund eines kleinen seichten Teiches plötzlich entstanden sein muss, wo viele Jahre hindurch Schafe gewaschen worden sind und in welches ein damit beschäftigter Mann zu seinem großen Entsetzen fiel. Das Regenwasser sinkt über diesen ganzen Distrikt hin senkrecht in den Boden ein, aber die Kreide ist an gewissen Stellen poröser als an anderen. So wird der Entwässerungszug von dem darüberliegenden Ton nach gewissen Punkten hingelenkt, wo eine größere Menge kalkiger Substanz aufgelöst wird als anderswo. Selbst schmale, offene Kanäle werden zuweilen in der soliden Kreide gebildet. Da die Kreide in der ganzen Gegend langsam aufgelöst wird, aber in einigen Teilen mehr als an anderen, so sinkt der unaufgelöste Rückstand – das ist die darüberliegende Masse roten Tons mit Feuersteinen – gleichfalls langsam ein und versucht die Röhren oder Höhlungen auszufüllen. Aber der obere Teil des roten Tons hält, wahrscheinlich durch die Pflanzenwurzeln unterstützt, eine längere Zeit zusammen als der untere Teil und bildet in dieser Weise ein Dach, welches früher oder später einstürzt, wie in den oben erwähnten fünf Fällen. Die Abwärtsbewegung des Tons kann mit der eines Gletschers verglichen werden, ist aber unvergleichlich langsamer; diese Bewegung erklärt auch eine eigentümliche Tatsache, nämlich dass die sehr lang gestreckten Feuersteine, welche in der Kreide in einer nahezu horizontalen Stellung eingeschlossen sind, in dem roten Ton gewöhnlich nahezu oder vollkommen

wurde die unlösliche Substanz, welche eine ungeheure Anzahl nicht glatt gerollter Feuersteinknollen von allen Größen einschließt, auf der Oberfläche zurückgelassen und bildet nun eine Schicht von steifem, rotem Ton voller Feuersteine und meistens von 6 bis 14 Fuß Mächtigkeit. Überall, wo das Land lange als Weide benutzt worden ist, findet sich oberhalb des roten Tons eine Schicht von einigen wenigen Zoll Mächtigkeit von dunkel gefärbter vegetabilischer Ackererde.

Eine Quantität zerstückelter Kreide wurde am 20. Dezember 1842 über einen Teil eines Feldes, welches sicher 30, wahrscheinlich zwei- oder dreimal so viele Jahre als Weide gedient hatte und welches in der Nähe meines Hauses lag, ausgebreitet. Die Kreide wurde zu dem Zweck auf das Feld gebracht, um in einer späteren Periode zu beobachten, bis zu welcher Tiefe sie eingegraben sein würde. Ende November 1871, das ist also nach einem Verlauf von 29 Jahren, wurde über diesen Teil des

---

aufrecht stehend gefunden werden. Diese Tatsache ist so allgemein, dass die Arbeiter mir versicherten, dass dies ihre natürliche Stellung sei. Ich maß in oberflächlicher Weise einen, welcher senkrecht stand, und derselbe hatte dieselbe Länge und dieselbe relative Dicke wie einer meiner Arme. Diese länglichen Feuersteine müssen in ihre aufrechte Stellung nach demselben Prinzip gebracht worden sein, nach welchem ein auf einem Gletscher liegender Baumstamm eine mit der Richtung der Bewegung parallele Lage annimmt. Die Feuersteine in dem Ton, welche beinahe die Hälfte seiner Masse ausmachen, sind sehr häufig zerbrochen, aber nicht abgerollt oder abgerieben; und dies dürfte durch ihren gegenseitigen Druck zu erklären sein, während die ganze Masse im Sinken begriffen ist. Ich will noch hinzufügen, dass es scheint, als sei die Kreide hier ursprünglich stellenweise von einer dünnen Schicht feinen Sandes mit einigen vollkommen abgerundeten Feuersteinen, wahrscheinlich tertiären Alters, bedeckt gewesen; denn derartiger Sand erfüllt häufig zum Teil die tieferen Gruben oder Höhlen in der Kreide.

Feldes ein Graben gezogen, und eine Linie kleiner weißer Knollen konnte auf beiden Seiten des Grabens in einer Tiefe von 7 Zoll von der Oberfläche verfolgt werden. Die Ackererde war daher (mit Ausschluss des Rasens) mit einer mittleren Geschwindigkeit von 0,22 Zoll im Jahr aufgeworfen worden. Unterhalb der Linie von Kalkknollen war stellenweise kaum irgendwelche von Feuersteinen freie feine Erde vorhanden, während sich an anderen Stellen eine Schicht von 2 ¼ Zoll Mächtigkeit fand. In diesem letzteren Fall war die Ackererde im Ganzen 9 ¼ Zoll dick; und an einer solchen Stelle wurden ein kleiner Kalkknollen und ein glatter Feuerstein, welche beide in einer früheren Zeit auf der Oberfläche gelegen haben müssen, in dieser Tiefe gefunden. In einer Entfernung von 11 bis 12 Zoll unter der Oberfläche breitete sich der ungestörte, an Feuersteinen reiche rötliche Ton aus. Das Aussehen der erwähnten kleinen Knollen von Kreide überraschte mich anfangs sehr, da sie vom Wasser glatt geriebenen Rollsteinen sehr ähnlich waren, während die frisch zerkleinerten Bruchstücke winkelig gewesen waren. Als aber diese Knollen mit einer Lupe untersucht wurden, erschienen sie nicht länger mehr wie vom Wasser abgerieben, denn ihre Oberfläche war infolge ungleichmäßiger Korrosion grubig, und sehr kleine scharfe, aus zerbrochenen fossilen Muscheln gebildete Spitzen sprangen aus ihr hervor. Es war ganz offenbar, dass die Kanten der ursprünglichen Kreidebruchstücke gänzlich aufgelöst waren, da sie der im Regenwasser aufgelösten und in dem vegetabilische Substanz enthaltenden Boden erzeugten Kohlensäure ebenso wie den Humussäuren eine große Oberfläche darboten.[43] Auch werden die vorspringenden Kanten

43 S. W. Johnson, How Crops Feed. 1870. S. 139.

im Verhältnis zu den anderen Teilen von einer größeren Anzahl lebender Würzelchen umfasst worden sein, und diese haben, wie Sachs gezeigt hat, das Vermögen, selbst Marmor anzugreifen. Es sind hiernach im Verlauf von 29 Jahren vergrabene winklige Kreidestücke in gut abgerundete Knollen verwandelt worden.

Ein anderer Teil dieses nämlichen Feldes war moosig, und da man der Ansicht war, dass gesiebte Kohlenschlacken das Feld als Weideland verbessern würden, so wurde eine dicke Schicht hiervon entweder 1842 oder 1843 über diesen Teil ausgebreitet und eine andere Schicht einige Jahre später. Im Jahr 1871 wurde hier ein Graben gezogen, und viele Schlacken lagen in einer Linie in einer Tiefe von 7 Zoll unter der Oberfläche, während eine andere Linie in einer Tiefe von 5 ½ Zoll unter dieser und parallel zu ihr lag. In einem anderen Teil dieses Feldes, welches früher als besonderes Feld bestanden hatte und von welchem angenommen wird, dass es länger als ein Jahrhundert Weideland gewesen ist, wurden Gräben gezogen, um zu sehen, wie dick die Humusschicht sei. Durch Zufall wurde der erste Graben an einer Stelle gemacht, wo zu einer früheren Periode, sicher vor mehr als vierzig Jahren, ein großes Loch mit grobem roten Ton, Feuersteinen, Kreidestücken und Kies ausgefüllt worden war; und hier war die feine vegetabilische Ackererde nur von 4 ⅛ bis 4 ⅜ Zoll dick. An einer anderen und nicht gestört gewesenen Stelle variierte die Humusschicht bedeutend in ihrer Mächtigkeit, nämlich von 6 ½ bis 8 ½ Zoll; unterhalb derselben wurden an einer Stelle einige wenige kleine Fragmente von Ziegelsteinen gefunden. Nach diesen verschiedenen Tatsachen möchte es scheinen, als sei während der letzten 29 Jahre die Ackererde an der Oberfläche mit einer durchschnittlichen jährlichen Geschwindigkeit von

0,2 bis 0,22 Zoll angehäuft worden. Wenn aber in diesem Distrikt ein gepflügtes Feld zuerst dem Graswuchs überlassen wird, häuft sich der Humus mit einer viel geringeren Geschwindigkeit an. Die Geschwindigkeit muss auch sehr viel langsamer werden, nachdem eine mehrere Zoll mächtige Humusschicht gebildet worden ist; denn die Würmer leben dann hauptsächlich in der Nähe der Oberfläche und bohren nur während des Winters, wenn das Wetter sehr kalt ist (zu welcher Zeit Würmer auf diesem Feld in einer Tiefe von 26 Zoll gefunden worden sind), und während des Sommers, wenn das Wetter sehr trocken ist, bis zu einer größeren Tiefe hinab.

Ein Feld, welches an das eben beschriebene anstößt, fällt in einem Teil ziemlich steil ab (nämlich von 10° bis 15°); dieser Teil war zuletzt im Jahr 1841 gepflügt, dann geeggt und dann zu Weideland liegen gelassen worden. Mehrere Jahre lang war es von einer äußerst dürftigen Vegetation bedeckt und war so dick mit kleinen und großen Feuersteinen (einige von ihnen halb so groß wie ein Kinderkopf) überstreut, dass das Feld von meinen Söhnen immer das »Steinfeld« genannt wurde. Wenn sie den Abhang hinabliefen, klapperten die Steine aneinander. Ich erinnere mich, gezweifelt zu haben, ob ich diese größeren Feuersteine mit Humus und Rasen bedeckt sehen würde. Aber die kleineren Steine verschwanden, ehe viele Jahre vergangen waren; wie es auch nach einiger Zeit jeder einzelne von den größeren tat, sodass nach dreißig Jahren (1871) ein Pferd über den kompakten Rasen von einem Ende des Feldes bis zum anderen galoppieren konnte, ohne mit seinen Hufeisen an einen einzigen Stein zu stoßen. Für einen jeden, welcher sich des Aussehens des Feldes im Jahr 1842 erinnerte, war die Umwandlung wunderbar. Dieselbe war sicherlich das Werk der Würmer.

Denn obgleich Exkrementrollen mehrere Jahre lang nicht häufig waren, so wurden doch Monat auf Monat einige aufgeworfen, und diese nahmen allmählich in ihrer Zahl zu in dem Maße, als sich die Weide verbesserte. Im Jahr 1871 wurde auf dem oben erwähnten Abhang ein Graben gezogen und die Grashalme wurden dicht an den Wurzeln abgeschnitten, sodass die Dicke des Rasens und der vegetabilischen Ackererde genau gemessen werden konnte. Der Rasen war etwas weniger als einen halben Zoll und die Ackererde, welche durchaus keine Steine enthielt, 2½ Zoll dick. Unter dieser lag grobe tonige Erde voll von Feuersteinen, gleich der in allen den benachbarten gepflügten Feldern. Diese grobe Erde fiel leicht von der darüberliegenden Ackererde ab, wenn ein Spatenstich aufgehoben wurde. Die mittlere Geschwindigkeit der Anhäufung der Ackererde während der ganzen dreißig Jahre war nur 0,083 Zoll im Jahr (das ist nahezu ein Zoll in zwölf Jahren); die Geschwindigkeit muss aber anfangs viel langsamer und später beträchtlich schneller gewesen sein.

Die Umwandlung in dem Aussehen dieses Feldes, welche unter meinen Augen hervorgebracht worden war, wurde später für mich noch auffallender gemacht, als ich in Knole Park einen dichten Wald von hohen Buchen untersuchte, unter denen nichts wuchs. Hier war der Boden dicht mit großen nackten Steinen überstreut, und Wurmexkremente fehlten beinahe gänzlich. Undeutliche Linien und Unregelmäßigkeiten an der Oberfläche wiesen darauf hin, dass das Land vor einigen Jahrhunderten kultiviert worden war. Wahrscheinlich wuchs ein dichtes Gehölz von jungen Buchenstämmen so schnell in die Höhe, dass die Würmer keine Zeit hatten, die Steine mit ihren Exkrementen zu bedecken, ehe der Ort für ihre Existenz nicht geeignet wurde. Wie dem auch sein mag, der Kontrast zwischen dem Zustand des nun unrichtig sogenannten »Steinfeldes«, welches mit Würmern gut besetzt war, und dem gegenwärtigen Zustand des Bodens unterhalb der alten Buchenstämme in Knole Park, wo Würmer ganz zu fehlen schienen, war ganz auffallend.

Ein schmaler Pfad, der quer über einen Teil meines Rasenplatzes läuft, wurde im Jahr 1843 mit kleinen auf den Rand gestellten Tonschiefersteinen gepflastert; aber die Würmer warfen zwischen ihnen viele Exkremente in die Höhe; auch wuchs Unkraut zwischen ihnen. Während mehrerer Jahre wurde der Weg gejätet und gekehrt; aber schließlich erhielten das Unkraut und die Würmer die Oberhand, und der Gärtner hörte zu kehren auf und mähte nur das Unkraut ab, sooft der Rasenplatz gemäht wurde. Der Weg wurde bald beinahe ganz zugedeckt, und nach mehreren Jahren war keine Spur von ihm mehr übrig. Als man im Jahr 1877 die dünne oben aufliegende Rasenschicht entfernte, fand man die kleinen Tonschiefersteine sämtlich an ihren gehörigen Stellen mit einer einen Zoll dicken Schicht von Ackererde bedeckt.

Es mögen hier noch zwei vor Kurzem veröffentlichte Beschreibungen erwähnt werden, wo auf die Oberfläche von Weideland gestreute Substanzen durch die Tätigkeit der Würmer eingegraben wurden. Mr. H. C. Key ließ in einem Feld, über welches, wie angenommen wurde, vor achtzehn Jahren Kohlenasche ausgestreut worden war, einen Graben ziehen, und an den rein abgeschnittenen senkrechten Seiten des Grabens war in einer Tiefe von sieben Zoll in einer Länge von 60 Yards »eine deutliche sehr gerade schmale Linie von Kohlenasche mit kleinen

Kohlenstückchen untermischt, vollkommen parallel mit dem oben aufliegenden Rasen« zu sehen.[44] Dieser Parallelismus und die Länge des Durchschnittes verleihen dem Fall besonderes Interesse. Zweitens gibt Mr. Dancer an,[45] dass zerkleinerte Knochen dicht über ein Feld gestreut worden waren; und »einige Jahre später« fanden sich diese »mehrere Zoll unter der Oberfläche in einer gleichförmigen Tiefe«. Würmer scheinen in derselben Weise wie in Europa auch in Neuseeland tätig zu sein; denn Professor F. von Haast hat einen Durchschnitt in der Nähe der Küste beschrieben,[46] aus Glimmerschiefer bestehend, »welcher von 5 oder 6 Fuß Lößß bedeckt war, über welchem ungefähr 12 Zoll vegetabilische Erde sich angehäuft hatte«. Zwischen dem Löß und dem Humus fand sich eine Schicht von 3 bis 6 Zoll Mächtigkeit, welche aus »Steinwerkzeugen, Spitzen und Spänen bestand, die sämtlich aus hartem, basaltischem Gestein gearbeitet waren.« Es ist daher wahrscheinlich, dass die Eingeborenen in irgendeiner früheren Zeit diese Gegenstände auf der Oberfläche liegen gelassen hatten und dass dieselben dann langsam von den Wurmexkrementen bedeckt worden waren.

Die Farmer in England kennen die Tatsache sehr gut, dass auf der Oberfläche von Weideland liegen gelassene Gegenstände nach einiger Zeit verschwinden oder, wie sie sagen, sich hinabarbeiten. Wie gepulverter Kalk, Schlacken und schwere Steine sich – und zwar mit derselben Geschwindigkeit – durch die verfilzten Wurzeln einer mit Gras bedeckten Fläche hinabarbeiten können, ist eine

---

44 Nature, Vol. 17. Nov. 1877. S. 28.

45 Proc. Philos. Soc. Manchester, 1877. S. 247.

46 Trans. New Zealand Institute, Vol. 12. 1880. S. 152.

Frage, welche ihnen wahrscheinlich niemals aufgestoßen ist.[47]

Das Einsinken großer Steine durch die Tätigkeit der Würmer. | Wenn ein Stein von bedeutender Größe und unregelmäßiger Gestalt auf der Oberfläche des Bodens liegen gelassen wird, so ruht er natürlich auf den vorspringenderen Teilen. Würmer füllen aber mit ihren Exkrementen bald alle hohlen Räume auf der unteren Seite aus; denn wie Hensen bemerkt, lieben sie den Schutz von Steinen. Sobald die Höhlungen ausgefüllt sind, werfen die Würmer die Erde, welche sie verschluckt haben, jenseits des Umfanges der Steine aus, und hierdurch wird die Oberfläche rings um die Steine herum etwas erhöht. Da die direkt unterhalb des Steines ausgehöhlten Wurmröhren nach einiger Zeit zusammenfallen, so sinkt der Stein ein wenig.[48] Daher kommt es,

47 Mr. Lindsay Carnagie bemerkt in einem Brief (Juni 1838) an Sir Charles Lyell, dass schottische Farmer sich fürchten, Kalk eher auf gepflügtes Land zu bringen als unmittelbar bevor es als Weideland liegen gelassen wird, und zwar aus dem Glauben, dass er die Neigung hat einzusinken. Er fügt hinzu: »vor einigen Jahren brachte ich im Herbst Kalk auf Haferstoppeln und pflügte ihn ein, wodurch ich ihn in unmittelbare Berührung mit der abgestorbenen Pflanzensubstanz brachte und seine vollkommene Mischung durch die Hilfsmittel der späteren Operationen des Brachliegens sicherte. Infolge des oben erwähnten Vorurteils nahm man an, dass ich einen großen Fehler begangen habe; das Resultat war aber außerordentlich erfolgreich und die Handlungsweise wurde zum Teil weiterbefolgt. Mittels der Beobachtungen Mr. Darwins wird, denke ich, das Vorurteil beseitigt werden.«

48 Diese Folgerung, welche, wie wir sofort sehen werden, vollständig berechtigt ist, hat nach einer Seite hin eine gewisse Bedeutung, da die sogenannten Marksteine, welche die Landvermesser als Marken für ihr Niveau im Boden befestigen, mit der Zeit falsche Angaben

dass Blöcke, welche zu irgendeiner vergangenen Zeit von einem felsigen Berg oder einer Klippe auf eine Wiese an ihrer Basis heruntergestürzt sind, immer etwas in den Boden eingedrungen sind und dass, wenn sie entfernt werden, sie in der darunterliegenden feinen Ackererde einen genauen Abdruck ihrer unteren Fläche zurücklassen. Wenn indessen ein Block von so riesigen Dimensionen ist, dass die Erde unter ihm trocken bleibt, so wird eine solche Erde nicht von Würmern bewohnt werden, und der Block wird nicht in den Boden einsinken.

In einem Grasfeld in der Nähe von Leith Hill Place in Surrey stand früher ein Kalkofen, welcher 35 Jahre vor meinem Besuch niedergerissen worden war; der ganze lose Schutt war mit Karren weggeschafft worden, ausgenommen drei große Steine eines quarzigen Sandsteines, von denen man gemeint hatte, dass sie vielleicht noch von irgendwelchem Nutzen sein könnten. Ein alter Arbeiter erinnerte sich, dass sie auf einer kahlen Fläche mit zerbrochenen Ziegelsteinen und Mörtel dicht am Grund des Kalkofens liegen gelassen worden waren; die ganze umgebende Fläche ist aber nun mit Rasen und Ackererde bedeckt. Die zwei größten von diesen Steinen sind seitdem niemals bewegt worden; auch hätte dies nicht mit Leichtigkeit geschehen können, da dies, als ich sie nun entfernen ließ, die Arbeit zweier Männer mit Hebeln war. Einer dieser Steine, und nicht der größte, war 64 Zoll lang, 17 Zoll breit und zwischen 9 bis 10 Zoll dick. Seine untere Fläche sprang in der Mitte etwas vor, und dieser Teil ruhte noch immer auf zerbrochenen Ziegeln und Mörtel, hierdurch die Richtigkeit der Angabe des

---

darstellen dürften. Mein Sohn Horace beabsichtigt später einmal zu ermitteln, inwieweit dies wirklich eingetreten ist.

alten Mannes bestätigend. Unter dem Ziegelschutt fand sich der natürliche Sandboden voll von Sandsteinbruchstücken; wenn derselbe überhaupt dem Gewicht des Steines hätte nachgeben können, wie es der Fall gewesen, wenn der Untergrund Ton gewesen wäre, so wäre dies nur wenig gewesen. Die Oberfläche des Feldes erhob sich bis zu einer Entfernung von ungefähr 9 Zoll rings um den Stein allmählich an ihm in die Höhe und stand dicht am Steine an den meisten Stellen ungefähr 4 Zoll über dem umgebenden Boden. Die Basis des Steines war von 1 bis 2 Zoll unter das allgemeine Niveau eingegraben und die obere Fläche sprang ungefähr 8 Zoll über das Niveau oder ungefähr 4 Zoll über den erhobenen Rasenrand empor. Nach der Entfernung des Steines zeigte es sich offenbar, dass eines seiner zugespitzten Enden anfangs einige Zoll hoch frei über dem Boden gestanden haben muss, seine obere Fläche fand sich aber nun in einem Niveau mit dem umgebenden Rasen. Als der Stein entfernt war, blieb ein genauer Abdruck der unteren Seite zurück, welcher eine seichte beckenförmige Höhle bildete, deren innere Fläche aus feiner schwarzer Humuserde bestand, ausgenommen wo die vorspringenderen Teile auf dem Ziegelschutt ruhten. Ein Querschnitt dieses Steines zusammen mit seinem Bett nach Messungen gezeichnet, welche nach seiner Entfernung vorgenommen worden waren, wird hier in einem Maßstab von ½ Zoll auf einen Fuß mitgeteilt (Fig. 6). Der mit Rasen bedeckte Rand, welcher sich an den Seiten des Steines hinauf erhob, bestand aus feiner vegetabilischer Ackererde, und zwar an einer Stelle von 7 Zoll Mächtigkeit. Dieselbe bestand offenbar aus Wurmexkrementen, von denen mehrere vor Kurzem ausgeworfen worden waren. Der ganze Stein war in den fünfunddreißig Jahren, soweit ich es beurteilen konnte,

A.

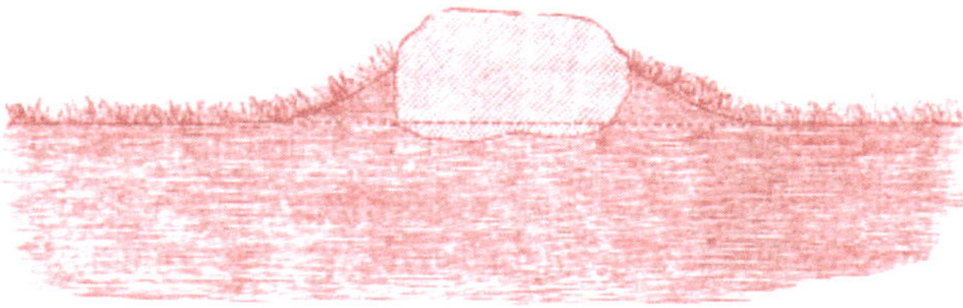

Fig. 6. Querschnitt durch einen großen Stein, welcher 35 Jahre lang auf einem Grasfeld gelegen hatte. A. allgemeines Niveau des Felds. Der darunterliegende Ziegelschutt ist nicht dargestellt worden. Maßstab: ½ Zoll auf einen Fuß.

ungefähr 1½ Zoll eingesunken, und dies muss eine Folge davon gewesen sein, dass der Ziegelschutt unterhalb der vorspringenderen Teile von den Würmern unterminiert worden war. Bei dieser Geschwindigkeit würde die obere Fläche des Steines, wenn man sie ungestört gelassen hätte, in 247 Jahren bis auf das allgemeine Niveau des Feldes eingesunken sein; ehe dies eingetreten sein könnte, würde aber von den Exkrementhaufen auf dem erhabenen Rasenrand etwas Erde über die obere Fläche des Steines hinabgewaschen worden sein.

Der zweite Stein war größer als der eben beschriebene, nämlich 67 Zoll lang, 39 Zoll breit und 15 Zoll dick. Die untere Fläche war beinahe eben, sodass die Würmer sehr bald gezwungen gewesen sind, ihre Exkremente jenseits des Umfanges aufzuwerfen. Der Stein als Ganzes war ungefähr 2 Zoll in den Boden eingesunken. Bei dieser Geschwindigkeit würden 262 Jahre notwendig gewesen sein, bis die Oberfläche bis auf das allgemeine Niveau des Feldes herabgesunken wäre. Der sich langsam erhebende mit Rasen bedeckte Rand rings um den Stein war breiter als im letzten Fall, nämlich von 14 bis 16 Zoll, und warum dies der Fall war, dafür kann ich die Ursache nicht ermitteln. An den meisten Stellen war dieser Rand nicht so hoch wie in dem letzten Fall, nämlich von 2 bis 2½ Zoll, aber an einer Stelle war er nicht weniger als 5½ Zoll hoch. Seine mittlere Höhe dicht am Stein betrug wahrscheinlich ungefähr 3 Zoll, und er verlief sich nach außen vollkommen. Ist dies richtig, so muss eine Schicht feiner Erde von 15 Zoll Breite und von 1½ Zoll mittlerer Dicke und von hinreichender Länge, um die ganze sehr verlängerte Steinplatte zu umgeben, von den Würmern zum hauptsächlichsten Teil von unterhalb dem Stein im Verlauf von 35 Jahren emporgeschafft worden sein. Diese Menge würde reichlich genügen, das Einsinken des Steines ungefähr 2 Zoll in den Boden zu erklären, besonders wenn wir im Sinn behalten, dass ein guter Teil der feinsten Erde von den auf dem abfallenden Rand ausgeworfenen Exkrementhäufchen durch heftige Regengüsse auf das Niveau des Feldes hinabgewaschen wird. Einige frische Exkremente waren dicht am Stein zu bemerken. Als ein großes Loch bis zu einer Tiefe von 18 Zoll gegraben wurde, wo der Stein gelegen hatte, waren doch nur zwei Würmer und einige wenige Röhren zu sehen, obgleich der Boden feucht war und für Würmer günstig zu sein schien. Unter dem Stein fanden sich einige große Ameisenkolonien, und möglicherweise hatte die Zahl der Würmer seit ihrer Niederlassung abgenommen.

Der dritte Stein war nur ungefähr halb so groß wie die anderen, und zwei starke Knaben hätten ihn zusammen fortrollen können. Ich zweifle nicht daran, dass er vor einer ziemlich kurzen Zeit weggerollt worden war, denn er lag nun in einiger Entfernung von den zwei anderen Steinen am Grund eines kleinen benachbarten Abhanges. Auch lag er auf feiner Erde anstatt noch teilweise auf

Ziegelschutt. Mit dieser Annahme stimmte ferner noch überein, dass der erhabene umgebende Rasenrand an einigen Stellen nur 1 Zoll, an anderen 2 Zoll hoch war. Unter diesem Stein waren keine Ameisenkolonien, und als ein Loch gegraben wurde, wo er gelegen hatte, fand man mehrere Röhren und Würmer.

In Stonehenge liegen gegenwärtig einige von den äußeren Druidensteinen am Boden, nachdem sie in einer weit zurückliegenden, aber unbekannten Zeit umgestürzt sind, und es sind dieselben bis zu einer mäßigen Tiefe in den Boden eingegraben. Sie sind von sich sanft erhebenden Rasenrändern umgeben, auf welchen frische Wurmexkremente zu sehen waren. Dicht an einem dieser umgefallenen Steine, welcher 17 Fuß lang und 6 Fuß breit und 28 ½ Zoll dick war, wurde ein Loch gegraben, und hier war die Humusschicht mindestens 9 ½ Zoll dick. In dieser Tiefe wurde ein Feuerstein gefunden und ein wenig höher hinauf an einer Seite des Loches ein Glasfragment. Die Basis des Steines lag ungefähr 9 ½ Zoll unter dem Niveau des umgebenden Bodens und seine obere Fläche 19 Zoll oberhalb derselben.

Dicht an einem zweiten sehr großen Stein, welcher beim Fallen in zwei Stücke zerbrochen war, wurde gleichfalls ein Loch gegraben; das Zerbrechen muss vor langer Zeit stattgehabt haben, nach dem verwitterten Aussehen der Bruchenden zu urteilen. Die Basis war bis zu einer Tiefe von 10 Zoll eingegraben, wie dadurch ermittelt wurde, dass ein eiserner Spieß horizontal in den Boden unterhalb desselben eingetrieben wurde. Die Humusschicht, welche den mit Rasen bedeckten Rand rings um den Stein bildete, auf welchem viele Wurmexkremente vor Kurzem aufgeworfen worden waren, war 10 Zoll mächtig; und das meiste dieses Humus muss von den

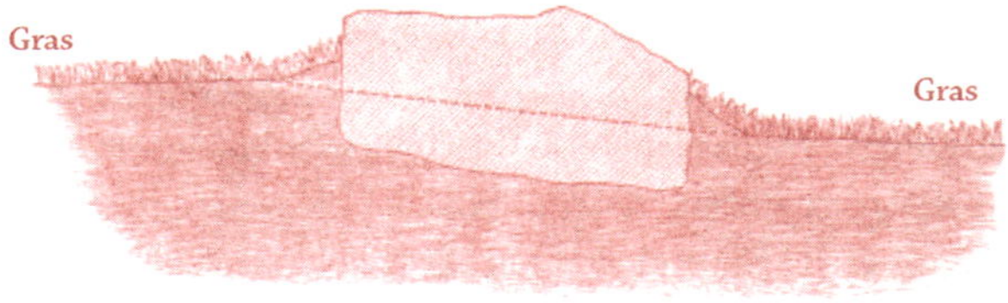

Fig. 7. Querschnitt durch einen der umgestürzten Druidensteine von Stonehenge, um zu zeigen, wie tief er in den Boden eingesunken ist. Maßstab ½ Zoll auf einen Fuß.

Würmern unterhalb des Steins in die Höhe geschafft worden sein. In einer Entfernung von 8 Yards vom Stein war die Humusschicht nur 5½ Zoll mächtig (bei einer Tiefe von 4 Zoll fand sich ein Stück Tabakspfeife), und dieselbe lag auf zerbrochenen Feuersteinen und Kreide, welche dem Druck oder Gewicht des Steines nicht leicht nachgeben konnten.

Ein gerader Stab wurde horizontal (mittels einer Spiritussetzwaage) quer auf einem dritten umgefallenen Stein, welcher 7 Fuß 9 Zoll lang war, befestigt; hierdurch wurde der Umriss der vorspringenden Teile und des anstoßenden Bodens, welcher nicht ganz eben war, ermittelt, wie es in der beistehenden Zeichnung (Fig. 7) in einem Maßstab von ½ Zoll auf einen Fuß dargestellt ist. Der mit Rasen bedeckte Rand erhob sich auf der einen Seite des Steines bis zu einer Höhe von 4 Zoll und auf der entgegengesetzten Seite nur bis 2½ Zoll über das allgemeine Niveau. Auf der östlichen Seite wurde ein Loch gegraben, und es zeigte sich, dass die Basis des Steines hier in einer Tiefe von 4 Zoll unter dem allgemeinen Niveau des Bodens und von 8 Zoll unter dem Gipfel des abfallenden, den mit Rasen bedeckten Rands lag.

Es sind nun hinreichende Belege dafür beigebracht worden, dass kleine, auf der Oberfläche des Landes, wo Würmer zahlreich sind, liegen gelassene Gegenstände bald eingegraben werden und dass große Steine durch dieselben Mittel langsam abwärtssinken. Es konnte jeder Schritt in diesem Vorgang verfolgt werden, von der zufälligen Ablagerung einer einzigen Exkrementrolle auf einen lose auf der Oberfläche liegenden Gegenstand, bis derselbe zwischen den verfilzten Wurzeln des Rasens eingeschlossen und endlich in verschiedenen Tiefen unter der Oberfläche in der Ackererde eingegraben war. Wenn dasselbe Feld nach Verlauf einiger weniger Jahre wieder untersucht wurde, wurden derartige Gegenstände in einer größeren Tiefe als früher gefunden. Die Geradheit und Regelmäßigkeit der von den eingeschlossenen Gegenständen gebildeten Linien und deren Parallelismus mit der Oberfläche des Landes sind die auffallendsten Merkmale dieses Falles, denn dieser Parallelismus zeigt, wie gleichmäßig die Würmer gearbeitet haben müssen. Das Resultat ist indessen zum Teil wohl die Folge davon, dass die frischen Exkremente vom Regen niedergewaschen werden. Das spezifische Gewicht der Gegenstände hat keinen Einfluss auf die Geschwindigkeit ihres Einsinkens, wie daraus zu sehen war, dass poröse Schlacken, gebrannter Mergel, Kreide und Quarzrollsteine sämtlich innerhalb derselben Zeit bis zu der nämlichen Tiefe hinabgesunken waren. Zieht man die Beschaffenheit des Untergrundes in Betracht, welcher in Leith Hill Place ein sandiger Boden, der viele Gesteinsstücke einschloss, und bei Stonehenge Kreideschutt mit zerbrochenen Feuersteinen war, zieht man ferner das Vorhandensein des mit Rasen bedeckten, sanft abfallenden Randes von Humus rings um die großen Gesteinsbruchstücke an diesen beiden Stellen in Betracht, so scheint ihr Einsinken nicht in einer merkbaren Weise durch ihr Gewicht unterstützt worden zu sein, obschon Letzteres ganz beträchtlich war.[49]

Über die Zahl von Würmern, welche auf einem gegebenen Raum leben. | Wir wollen nun zeigen, erstens, welch eine ungeheure Zahl von Würmern, von uns nicht gesehen, unter unseren Füßen leben, und zweitens, welches das faktische Gewicht der Erde ist, welches sie auf einem gegebenen Raum und innerhalb einer gegebenen Zeit heraufschaffen. Hensen, welcher eine so vollständige und interessante Schilderung der Lebensweise der Würmer veröffentlicht hat,[50] berechnet nach der Zahl, welche er auf einem gemessenen Raum fand, dass auf einem Hektar Landes 133.000 lebende Würmer existieren müssen oder 53.767 auf einem Acre. Diese letztere Anzahl von Würmern würde 356 Pfund wiegen, wenn wir Hensens Maßstab für das Gewicht eines einzelnen Wurms annehmen, nämlich ein Gramm. Man muss indes beachten, dass sich diese Berechnung auf die in einem Garten gefundene Anzahl gründet und Hensen glaubt, dass die Würmer hier zweimal so zahlreich sind wie in Getreidefeldern. So erstaunlich das obige Resultat auch sein mag, so scheint es mir doch nach der Anzahl von Würmern, welche ich zuweilen gesehen

49 Mr. R. Mallet bemerkt (Quart. Journ. Geolog. Soc. Vol. 33. 1877. S. 745): »Der Grad, bis zu welchem der Boden unterhalb der Fundamente massiger architektonischer Bauten, wie z. B. der Türme großer Dome, erfahrungsgemäß zusammengedrückt worden ist, ist ebenso merkwürdig wie lehrreich und sonderbar. Der Betrag an Senkung kann in manchen Fällen nach Füßen gemessen werden.« Er führt als Beispiel den Turm von Pisa an, fügt aber hinzu, dass er auf »dichten Ton« gegründet worden sei.

50 Zeitschr. für wiss. Zool. 28. Bd. 1877. S. 354.

habe, sowie nach der großen Zahl zu urteilen, welche täglich von Vögeln zerstört wird, ohne dass jedoch die Spezies ausgerottet würde, völlig glaubhaft zu sein. Einige Fässer mit verdorbenem Ale wurden auf Mr. Millers Land stehen gelassen,[51] in der Hoffnung, Essig daraus zu gewinnen; aber es ergab sich, dass der Essig schlecht war, und die Fässer wurden ausgeschüttet. Es muss noch vorausgeschickt werden, dass Essigsäure ein so tödliches Gift für Würmer ist, dass, wenn Perrier einen Glasstab in Essigsäure und dann in eine ansehnliche Menge Wasser tauchte, in welchem Würmer lebten, diese ausnahmslos dadurch schnell getötet wurden. Am Morgen, nachdem die Fässer ausgeleert worden waren, waren »die Haufen von Würmern, welche tot am Boden lagen, so ungeheuer, dass, wenn Mr. Miller sie nicht gesehen hätte, er es nicht für möglich gehalten hätte, dass solche Massen in dem Raum hätten existieren können«. Als weitere Beweise für die große Anzahl von Würmern, welche im Boden leben, gibt Hensen an, dass er in einem Garten auf einem Raum von 14 ½ Quadratfuß vierundsechzig offene Wurmröhren, das sind also neun in 2 Quadratfuß, gefunden hat. Die Röhren sind aber zuweilen noch viel zahlreicher; denn als ich auf einem Grasfeld in der Nähe von Maer Hall grub, fand ich einen Kloß trockener Erde, so groß wie meine zwei offenen Hände, welcher von sieben Wurmröhren so groß wie Gänsekiele durchbohrt war.

Gewicht der aus einer einzigen Röhre und aus sämtlichen Röhren innerhalb eines gegebenen Raumes ausgeworfenen Erde. | In Bezug auf das Gewicht der täglich von Würmern ausgeworfenen Erde fand Hensen, dass

51 Mr. Dancers Aufsatz in Proc. Phil. Soc. Manchester 1877. S. 248.

sie bei einigen Würmern, welche er gefangen hielt und welche er mit Blättern gefüttert zu haben scheint, nur 0,5 Gramm oder weniger als 8 Gran im Tag wog. Im Naturzustand muss aber eine viel bedeutendere Menge in den Perioden, wenn sie zur Nahrung Erde, anstatt Blätter verzehren und wenn sie tiefe Röhren graben, ausgeworfen werden. Dies wird durch die folgenden Gewichtsangaben der an den Öffnungen einzelner Wurmhöhlen aufgeworfenen Exkremente beinahe gewiss gemacht. Die ganze Masse derselben schien in keiner langen Zeit ausgeworfen worden zu sein, was in mehreren Fällen sogar sicher war. Die Exkrementrollen wurden dadurch, dass sie viele Tage hindurch der Sonne oder der Wärme eines ordentlichen Feuers ausgesetzt wurden, getrocknet (ausgenommen in einem speziell angeführten Fall).

Gewicht der an der Öffnung einer einzigen Wurmröhre angehäuften Exkremente.	
1. Down, Kent (Untergrund roter Ton, voller Feuersteine, der Kreide aufliegend). Die größte Exkrementmasse, welche ich an den Abhängen eines steilen Tales finden konnte, wo der Untergrund weit herauf reichte. In diesem einen Fall war die Exkrementmasse nicht ordentlich getrocknet.	3,98
2. Down. – Größte Exkrementmasse, welche ich finden konnte (hauptsächlich aus kalkiger Substanz bestehend), auf äußerst ärmlichem Weideland am Grund des unter 1 erwähnten Tales.	3,87
3. Down. – Eine große Exkrementrolle, aber nicht von ungewöhnlicher Größe, von einem nahezu ebenen Feld ärmlicher Weide, vor ungefähr 35 Jahren dem Graswuchs überlassen.	1,22

4. Down. – Mittleres Gewicht von 11 nicht großen, auf einem geneigten Stück meines Rasenplatzes ausgeworfenen Exkrementrollen, nachdem sie dadurch einigen Gewichtsverlust erlitten hatten, dass sie eine beträchtliche Zeit hindurch dem Regen ausgesetzt gewesen waren.	0,7
5. In der Nähe von Nizza in Südfrankreich. – Mittleres Gewicht von 12 Exkrementmassen gewöhnlicher Dimensionen, welche Dr. King auf Land gesammelt hatte, welches lange Zeit nicht gemäht worden war und wo die Würmer außerordentlich zahlreich waren, nämlich auf einem von Gesträuchen geschützten Rasenstück in der Nähe des Meeres. Boden sandig und kalkig; diese Exkremente waren einige Zeit, ehe sie gesammelt wurden, dem Regen ausgesetzt gewesen und müssen durch Zersetzung etwas an Gewicht verloren haben, sie behielten aber noch immer ihre Form.	1,37
6. Die schwerste der vorstehend erwähnten zwölf Exkrementmassen.	1,76
7. Unterbengal. – Mittleres Gewicht von 22 von Mr. J. Scott gesammelten Exkrementmassen, von denen er angibt, dass sie im Verlauf von einer oder zwei Nächten ausgeworfen worden seien.	1,24
8. Die schwerste dieser 22 Exkrementmassen.	2,09
9. Nilgiri-Berge, Südindien. – Mittleres Gewicht der 5 größten von Dr. King gesammelten Exkrementmassen. Sie waren dem Regen des letzten Monsun ausgesetzt gewesen und müssen etwas an Gewicht verloren haben.	3,15
10. Die schwerste dieser 5 Exkrementmassen.	4,34

Aus dieser Tabelle sehen wir, dass Exkremente, welche an der Mündung ein und derselben Röhre ausgeworfen worden waren und welche in den meisten Fällen frisch erschienen und ihre wurmförmige Gestalt beibehielten, meistens nachdem sie getrocknet waren das Gewicht von einer Unze überstiegen und zuweilen einem Viertel

Pfund nahekamen. Auf den Nilgiri-Bergen überstieg eine Exkrementrolle selbst dieses letztere Gewicht. In England wurden die größten Exkrementrollen auf äußerst ärmlichem Weideland gefunden; und diese sind, soviel ich gesehen habe, allgemein größer als diejenigen auf mit reicher Vegetation bedecktem Land. Es möchte fast scheinen, als hätten Würmer in armem Land eine größere Menge von Erde zu verschlucken als in reichem, um die genügende Nahrungsmenge zu erhalten.

Was die turmartigen Exkrementhaufen aus der Umgegend von Nizza betrifft (Nr. 5 und 6 in der obigen Tabelle), so fand Dr. King häufig fünf oder sechs von ihnen auf einer Fläche von einem Quadratfuß; dieselben würden nach ihrem mittleren Gewicht zu urteilen, zusammen 7½ Unzen gewogen haben, sodass das Gewicht derjenigen auf einem Quadratyard 4 Pfund 3½ Unzen gewesen sein würde. Dr. King sammelte gegen Ende des Jahres 1872 die sämtlichen Exkremente, welche noch immer, mochten sie niedergebrochen sein oder nicht, ihre wurmförmige Gestalt behielten, von einem Quadratfuß Fläche an einer an Würmern äußerst reichen Stelle am Gipfel eines Abhanges, auf welchem keine Exkremente von oben herabgerollt sein konnten. Diese Exkremente mussten, wie er nach ihrem Aussehen unter Berücksichtigung der trockenen und der Regenperioden bei Nizza beurteilte, innerhalb der vorhergehenden fünf oder sechs Monate ausgeworfen worden sein; sie wogen 9½ Unzen oder 5 Pfund 5½ Unzen auf den Quadratyard. Nach einem Verlauf von vier Monaten sammelte Dr. King die sämtlichen Exkremente, welche später auf demselben Quadratfuß Oberfläche ausgeworfen worden waren, und sie wogen 2½ Unzen oder 1 Pfund 6½ Unzen auf den Quadratyard. Es wurden daher ungefähr innerhalb zehn

Monaten – oder wir wollen der Sicherheit wegen sagen: innerhalb eines Jahres – auf diesem einen Quadratfuß 12 Unzen Exkremente aufgeworfen oder 6,75 Pfund auf den Quadratyard, und dies würde 14,58 Tonnen per Acre geben.

Auf einem Feld am Grund eines Tales in der Kreide (siehe No. 2 in der vorstehenden Tabelle) wurde an einer Stelle, wo sehr große Exkrementrollen äußerst zahlreich waren, ein Quadratyard abgemessen. Die Exkremente erschienen indessen an einigen wenigen anderen Stellen beinahe ebenso zahlreich. Es wurden diese Exkremente, welche ihre wurmförmige Gestalt vollkommen beibehielten, gesammelt, und sie wogen, als sie zum Teil getrocknet waren, 1 Pfund 13 ½ Unzen. Dieses Feld war vor zweiundfünfzig Tagen mit einer schweren im Feldbau gebräuchlichen Walze gewalzt worden, und dies dürfte sicher jeden einzelnen Exkrementhaufen auf der Erde niedergeplattet haben. Das Wetter war zwei oder drei Wochen lang vor dem Einsammlungstag sehr trocken gewesen, sodass nicht ein Exkrement frisch erschien oder vor Kurzem ausgeworfen worden war. Wir können daher annehmen, dass diejenigen, welche gewogen wurden, wir wollen sagen: innerhalb fünfundvierzig Tagen von der Zeit an aufgeworfen worden waren, in welcher das Feld gewalzt worden war, das heißt also zwölf Tage weniger als die ganze dazwischenliegende Periode. Ich hatte denselben Teil des Feldes, kurz ehe es gewalzt wurde, untersucht, und damals waren frische Exkrementhaufen außerordentlich häufig. Würmer arbeiten bei trockenem Wetter während des Sommers nicht, ebenso wenig im Winter während heftiger Fröste. Wenn wir annehmen, dass sie nur während der Hälfte des Jahres arbeiten – obgleich dies eine zu niedrige Schätzung ist –, dann würden die

Würmer auf diesem Feld während des Jahres 8,387 Pfund auf den Quadratyard auswerfen oder 18,12 Tonnen per Acre, angenommen dass die ganze Oberfläche gleichmäßig produktiv an Exkrementen ist.

In den vorstehend angeführten Fällen mussten einige der notwendigen Daten geschätzt werden; aber in den zwei folgenden Fällen sind die Resultate viel zuverlässiger. Eine Dame, auf deren Genauigkeit ich mich unbedingt verlassen kann, erbot sich, in der Nähe von Leith Hill Place in Surrey während eines Jahres sämtliche Exkrementhaufen zu sammeln, die auf zwei verschiedenen Quadratyards aufgeworfen würden. Die gesammelte Menge war indessen etwas geringer als die ursprünglich von den Würmern ausgeworfene. Denn wie ich wiederholt beobachtet habe, wird ein guter Teil der feinsten Erde fortgewaschen, sobald die Exkremente während oder kurz vor schwerem Regen aufgeworfen werden. Auch hingen kleine Partien an den darumstehenden Grashalmen, und es erforderte zu viel Zeit, jede einzelne derselben zu entfernen. Auf sandigem Boden, wie in dem vorliegenden Fall, zerbröckeln die Exkrementhaufen nach trockenem Wetter sehr leicht, und auf diese Weise werden Teilchen verloren. Auch war die Dame gelegentlich ein oder zwei Wochen lang von zu Hause abwesend, und zu solchen Zeiten müssen die Exkrementhaufen einen noch bedeutenderen Verlust dadurch, dass sie dem Wetter ausgesetzt waren, erlitten haben. Diese Verluste wurden indessen in gewissem Grad dadurch ausgeglichen, dass die Sammlungen auf einem der Quadratyarde vier Tage und auf dem anderen Quadratyard zwei Tage länger als ein Jahr fortgesetzt wurden.

Auf einer breiten, mit Gras bedeckten Terrasse, welche während vieler Jahre gemäht und gekehrt worden war, wurde eine Stelle ausgewählt (9. Okt. 1870). Sie lag nach Süden, war aber während eines Teils des Tages von Bäumen beschattet. Sie war vor mindestens einem Jahrhundert durch eine bedeutende Anhäufung von großen und kleinen Sandsteinbruchstücken zusammen mit etwas sandiger Erde, welche eben gerammt worden waren, gebildet worden. Wahrscheinlich war sie anfangs dadurch geschützt, dass sie mit Rasen bedeckt war. Diese Terrasse war, nach der Anzahl von Exkrementrollen auf ihr zu urteilen, etwas ungünstig für die Existenz von Regenwürmern im Vergleich mit den benachbarten Feldern und einer höher gelegenen Terrasse. Es war in der Tat überraschend, dass so viele Würmer hier leben konnten, wie gesehen wurden; denn als ein Loch in diese Terrasse gegraben wurde, zeigte es sich, dass die schwarze vegetabilische Ackererde zusammen mit dem Rasen nur vier Zoll dick war, und unter ihr fand sich die ebene Oberfläche des hell gefärbten sandigen Bodens mit vielen Sandsteinbruchstücken. Ehe irgendwelche Exkremente gesammelt wurden, wurden die sämtlichen früher dort befindlichen sorgfältig entfernt. Der letzte Tag, an welchem gesammelt wurde, war der 14. Oktober 1871. Die Exkremente wurden dann vor einem Feuer ordentlich getrocknet und sie wogen genau 3 ½ Pfund. Dies würde für einen Acre ähnlichen Landes 7,56 Tonnen trockener Erde ergeben, die jährlich von den Würmern ausgeworfen wird.

Das zweite Quadrat wurde auf einem nicht eingehegten Gemeindeanger in einer Höhe von ungefähr 700 Fuß über dem Meer in einiger Entfernung von Leith Hill Tower abgesteckt. Die Oberfläche war mit kurzem, feinem Rasen bekleidet und war nie durch Menschenhand gestört worden. Die ausgewählte Stelle erschien weder besonders günstig für die Würmer noch besonders ungünstig; ich habe aber häufig bemerkt, dass Wurmexkremente auf Gemeindeland besonders zahlreich sind, und dies darf vielleicht der Ärmlichkeit des Bodens zugeschrieben werden. Die Humusschicht hatte hier eine Mächtigkeit von zwischen drei und vier Zoll. Da diese Stelle von dem Haus, wo die Dame lebte, etwas entfernt war, wurden die Exkremente nicht in so kurzen Zeitintervallen gesammelt, wie die auf der Terrasse, infolgedessen muss der Verlust an feiner Erde während Regenwetters in diesem Fall größer gewesen sein als in dem letzten. Die Exkremente waren überdies sandiger, und beim Sammeln derselben während trockenen Wetters zerbröckelten sie zuweilen zu Staub, und hierdurch wurde viel verloren. Es ist daher sicher, dass die Würmer beträchtlich mehr Erde heraufschafften, als die Menge betrug, welche gesammelt wurde. Die letzte Sammlung wurde am 27. Oktober 1871 angestellt, das ist also nach 367 Tagen, nachdem das Quadrat bezeichnet und die Oberfläche von allen vorher existierenden Exkrementen gereinigt worden war. Die gesammelten Exkremente wogen, nachdem sie ordentlich getrocknet waren, 7.453 Pfund, und dies würde für einen Acre derselben Art Landes 16,1 Tonnen jährlich ausgeworfener trockener Erde ergeben.

Zusammenfassung der vier vorstehend angeführten Fälle.

1. Exkrementmassen, in der Nähe von Nizza ungefähr innerhalb eines Jahres ausgeworfen, von Dr. King auf einem Quadratfuß Oberfläche gesammelt, ergeben der Berechnung nach für den Acre 14,58 Tonnen.

2. Exkrementmassen, während ungefähr 45 Tagen auf einem Quadratyard in einem Feld mit ärmlicher Weide

am Grund eines großen Tals in der Kreide ausgeworfen, ergeben der Berechnung nach jährlich auf den Acre 18,12 Tonnen.

3. Exkrementmassen, von einem Quadratyard auf einer alten Terrasse in Leith Hill Place während 369 Tagen gesammelt, ergeben der Berechnung nach jährlich für den Acre 7,56 Tonnen.

4. Exkrementhaufen, von einem Quadratyard auf Leith Hill Common während 367 Tagen gesammelt, ergeben der Berechnung nach jährlich für den Acre 16,1 Tonnen.

Die Dicke der Humusschicht, welche während eines Jahres ausgeworfene Exkrementmassen bilden würden, wenn sie gleichmäßig ausgebreitet würden. | Da wir nach den in der vorstehenden Zusammenfassung erwähnten zwei letzten Fällen das Gewicht der getrockneten von Würmern während eines Jahres auf einem Quadratyard Oberfläche ausgeworfenen Exkrementmassen kennen, so wünschte ich zu erfahren, eine wie dicke Schicht gewöhnlicher Ackererde diese Menge bilden würde, wenn sie gleichförmig über einem Quadratyard ausgebreitet würde. Die trockenen Exkrementmassen wurden daher in kleine Stückchen zerbrochen und wurden dann in ein Maß gebracht und ordentlich geschüttelt und niedergedrückt. Die auf der Terrasse gesammelten ergaben 124,77 Kubikzoll und diese Menge würde, wenn sie über einen Quadratyard ausgebreitet würde, eine Schicht von 0,09612 Zoll Dicke bilden. Diejenigen, die auf dem Gemeindeanger gesammelt wurden, ergaben 197,56 Kubikzoll und würden in ähnlicher Weise eine Schicht von 0,1524 Zoll Dicke bilden.

Diese Dickenmaße bedürfen indessen einer Berichtigung, denn die zerkleinerten Exkrementmassen stellten, nachdem sie ordentlich zusammengeschüttelt und niedergedrückt waren, eine auch nicht annähernd so kompakte Masse dar wie vegetabilische Ackererde, obgleich jedes einzelne Stückchen sehr kompakt war. Doch ist der Humus bei weitem nicht kompakt, wie aus der Anzahl von Luftblasen hervorgeht, welche aufsteigen, wenn die Oberfläche mit Wasser überflutet wird. Überdies wird er von vielen feinen Wurzeln durchsetzt. Um annähernd zu ermitteln, um wie viel gewöhnliche Ackererde an Umfang zunehmen würde, wenn sie in kleine Stückchen zerbröckelt und dann getrocknet würde, wurde ein dünnes oblonges Stück etwas tonhaltiger Ackererde (von welchem der Rasen abgeschält war) gemessen, ehe es zerbröckelt wurde, wurde dann getrocknet und wiederum gemessen. Das Trocknen verursachte ein Schrumpfen um 1/7 seiner ursprünglichen Größe, nur nach äußeren Messungen zu urteilen. Es wurde dann zerkleinert und zum Teil zu Pulver gemacht, in derselben Weise wie die Exkremente behandelt worden waren, und sein Umfang überstieg nun (trotz des Einschrumpfens infolge des Trocknens) um 1/16 den des ursprünglichen Stücks feuchter Ackererde. Die oben berechnete Mächtigkeit der aus den Exkrementen von der Terrasse nach deren Anfeuchtung und Ausbreitung über einen Quadratyard gebildeten Schicht würde daher um 1/16 zu reduzieren sein, und dies wird die Schicht auf 0,09 Zoll reduzieren, sodass eine Schicht von 0,9 Zoll Mächtigkeit im Verlauf von zehn Jahren gebildet wird. Nach demselben Grundsatz würden dieselben Exkrementmassen vom Gemeindeanger im Verlauf eines einzigen Jahres eine Schicht von 0,1429 Zoll oder im Verlauf von zehn Jahren von

1,429 Zoll Mächtigkeit bilden. In runden Zahlen können wir sagen, dass die Dicke der Schicht im ersteren Fall in zehn Jahren nahezu 1 Zoll und im zweiten Fall von nahe 1 ½ Zoll betragen wird.

Um diese Resultate mit denjenigen zu vergleichen, welche aus der Schnelligkeit abgeleitet wurden, mit welcher kleine, auf der Oberfläche von mit Gras bewachsenen Feldern liegen gelassene Gegenstände eingegraben werden (wie es im ersten Teil dieses Kapitels beschrieben wurde), will ich hier die folgende Zusammenfassung geben:

Zusammenfassung der Beobachtungen über die Dicke der Humusschicht, die sich im Lauf von zehn Jahren über an der Oberfläche liegen gelassenen Gegenständen ansammelt.

Die Anhäufung von Humus während 14 ¾ Jahren an der Oberfläche eines trockenen, sandigen Grasfeldes in der Nähe von Maer Hall belief sich in 10 Jahren auf 2,2 Zoll.

Die Anhäufung während 21 ½ Jahren auf einem morastigen Feld in der Nähe von Maer Hall belief sich in 10 Jahren auf nahezu 1,9 Zoll.

Die Anhäufung während 7 Jahren auf einem sehr morastigen Feld in der Nähe von Maer Hall belief sich in 10 Jahren auf 2,1 Zoll.

Die Anhäufung während 29 Jahren auf gutem, tonhaltigem Weideland über der Kreide bei Down belief sich in 10 Jahren auf 2,2 Zoll.

> Die Anhäufung während 30 Jahren auf der Seite eines Tales über der Kreide bei Down, wo der Boden tonig, sehr arm und soeben erst in Weideland verwandelt worden war (sodass er einige Jahre lang ungünstig für Würmer war), betrug in 10 Jahren 0,83 Zoll.

Wir sehen in diesen Fällen (ausgenommen im letzten Fall), dass die Menge von Erde, welche während 10 Jahren an die Oberfläche geschafft wird, etwas größer ist als die nach den Exkrementmassen berechnete, welche faktisch gewogen wurden. Dieser Mehrbetrag kann zum Teil durch den Verlust erklärt werden, welchen die gewogenen Exkrementmassen schon vorher dadurch erlitten hatten, dass sie vom Regen ausgewaschen wurden, dass Stückchen derselben an den umgebenden Grashalmen hängen blieben und dass sie zerbröckelten, wenn sie trockneten. Auch dürfen wir andere Kräfte nicht übersehen, welche in allen gewöhnlichen Fällen die Humusmenge vergrößern dürften und welche bei den gesammelten Exkrementmassen nicht berücksichtigt werden konnten, ich meine nämlich die von grabenden Larven und Insekten, besonders von Ameisen, an die Oberfläche geschaffte feine Erde. Die von Maulwürfen aufgeworfene Erde hat meistens ein von vegetabilischer Ackererde etwas verschiedenes Aussehen; nach einiger Zeit aber ist sie von ihr nicht mehr zu unterscheiden. In trockenen Gegenden spielt außerdem auch der Wind eine bedeutungsvolle Rolle beim Fortschaffen des Staubes von einer Stelle zur anderen, und selbst in England muss er die Humusschicht auf Feldern in der Nähe großer Straßen vermehren. Aber in meiner Grafschaft erscheinen diese letzteren verschiedenartigen Momente von völlig untergeordneter Bedeutung im Vergleich mit der Tätigkeit der Regenwürmer.

Wir haben kein Mittel zu beurteilen, ein wie großes Gewicht von Erde ein einziger völlig erwachsener Wurm während eines Jahres auswirft. Hensen schätzt, dass auf einem Acre Landes 53.767 (auf einem Morgen 34.000) Würmer leben; diese Schätzung gründet sich aber auf die in Gärten gefundene Zahl, und er glaubt, dass nur ungefähr halb so viele in Getreidefeldern leben. Wie viele in altem Weideland leben, ist unbekannt; wenn wir aber annehmen, dass die Hälfte der obigen Anzahl oder 26.886 auf derartigem Land leben und nehmen dann ferner nach der vorhin gegebenen Zusammenfassung 15 Tonnen als das Gewicht der jährlich auf einem Acre ausgeworfenen Exkremente an, so muss jeder Wurm jährlich 20 Unzen auswerfen. Ein Exkrement von der vollständigen Größe an der Öffnung einer einzigen Röhre übertrifft, wie wir gesehen haben, häufig eine Unze im Gewicht, und wahrscheinlich werfen Würmer mehr als 20 Exkremente von völliger Größe während eines Jahres aus. Wenn sie jährlich mehr als 20 Unzen auswerfen, können wir folgern, dass die Regenwürmer, welche auf einem Acre Weideland leben, weniger als 26.886 sein werden.

Würmer leben hauptsächlich in der oberflächlichen Humusschicht, welche gewöhnlich von 4 oder 5 bis 10 und selbst 12 Zoll mächtig ist, und es ist dieser Humus, welcher immer und immer wieder durch ihre Körper hindurchgeht und an die Oberfläche geschafft wird. Würmer bohren aber gelegentlich in den Untergrund bis zu einer viel beträchtlicheren Tiefe, und bei solchen Gelegenheiten bringen sie Erde aus dieser größeren Tiefe herauf, und dieser Prozess ist für Jahrtausende und Jahrtausende fortgegangen. Die oberflächliche Humusschicht würde daher schließlich, obgleich mit einer immer langsameren und langsameren Geschwindigkeit eine Mächtigkeit erreichen, welche der Tiefe, bis zu welcher Würmer jemals graben, gleich wäre, wenn nicht noch andere entgegengesetzte Kräfte tätig wären, welche etwas von der feinsten Erde, welche beständig von den Würmern auf die Oberfläche gebracht wird, auf ein niedriges Niveau hinabbringen. Eine wie bedeutende Mächtigkeit die vegetabilische Ackererde jemals erlangt, habe ich keine gute Gelegenheit gehabt zu beobachten; es werden aber im nächsten Kapitel, wenn wir das Eingraben antiker Bauwerke betrachten, einige Tatsachen in Bezug auf diesen Punkt angeführt werden. In den zwei letzten Kapiteln werden wir sehen, dass der Boden durch die Tätigkeit der Würmer, wenn schon in einem nur geringen Grad, faktisch vermehrt wird; ihre hauptsächlichste Arbeit besteht aber darin, die feineren von den gröberen Teilchen zu sondern, das Ganze mit zerfallenen Pflanzensubstanzen zu vermengen und es mit den Absonderungen ihres Darmes zu sättigen.

Endlich wird, wie ich glaube, später niemand, welcher die in diesem Kapitel mitgeteilten Tatsachen in Betracht zieht, daran zweifeln, dass die Würmer eine bedeutungsvolle Rolle im Haushalt der Natur spielen: Ich meine die Tatsache, dass kleine Gegenstände, die auf der Oberfläche liegen, eingegraben werden und dass große Steine einsinken, ich meine die ungeheure Zahl von Würmern, welche innerhalb eines mäßigen Stück Landes leben, das Gewicht der aus der Mündung ein und desselben Gangs ausgeworfenen Exkremente und endlich das Gewicht sämtlicher innerhalb einer bekannten Zeit auf einem abgemessenen Raum ausgeworfenen Exkremente.

Viertes Kapitel.

Der Anteil, welchen Würmer beim Eingraben alter Bauten gehabt haben.

Die Anhäufung von Schutt auf dem Boden großer Städte, unabhängig von der Tätigkeit der Würmer. | Das Eingraben einer römischen Villa in Abinger. | Der Boden und die Wände von Würmern durchbohrt. | Einsinken eines modernen Pflasters. | Das begrabene Pflaster in Beaulieu Abbey. | Römische Villen in Chedworth und Brading. | Die Überreste der römischen Stadt in Silchester. | Die Beschaffenheit der zerfallenen Masse, womit die Überreste bedeckt sind. | Die Durchbohrung der getäfelten Böden und Wände von den Würmern. | Einsinken der Böden. | Dicke der Humusschicht. | Die alte römische Stadt von Wroxeter. | Dicke der Humusschicht. | Tiefe der Fundamente einiger der Gebäude. | Schluss.

Die Archäologen wissen wahrscheinlich nicht, wie viel sie in Bezug auf die Erhaltung vieler antiker Gegenstände den Würmern verdanken. Wenn Münzen, goldene Schmuckgegenstände, Steinwerkzeuge u. s. w. auf die Oberfläche des Bodens fallen, so werden sie ganz untrüglich in einigen wenigen Jahren von den Exkrementhaufen der Würmer begraben und dadurch sicher aufbewahrt werden, bis in irgendeiner späteren Periode das Land einmal wieder umgestürzt wird. So wurde beispielsweise vor vielen Jahren ein Grasfeld auf der nördlichen Seite des

Severn, nicht weit von Shrewsbury, gepflügt; dabei wurde eine überraschend große Anzahl eiserner Pfeilspitzen auf dem Boden der Ackerfurchen gefunden, welche, wie Mr. Blakeway, ein Altertumsforscher des Orts, annahm, Überreste aus der Schlacht von Shrewsbury im Jahr 1403 waren und ohne Zweifel ursprünglich über das Schlachtfeld verstreut gelegen hatten. In dem vorliegenden Kapitel werde ich zeigen, dass nicht bloß Werkzeuge u. s. w. in dieser Weise erhalten werden, sondern dass die Fußböden und Überreste vieler antiker Bauten in England in einer so wirksamen Weise, und zwar zum größten Teil durch die Tätigkeit der Regenwürmer, begraben worden sind, dass sie in neueren Zeiten einzig infolge verschiedener Zufälle entdeckt worden sind. Die ungeheuren Schuttschichten von mehreren Yards Mächtigkeit, welche unterhalb vieler solcher Städte, wie Rom, Paris und London, liegen und von denen die untersten von hohem Alter sind, werden nicht herangezogen, da die Würmer in keinerlei Weise auf sie eingewirkt haben. Wenn wir in Betracht ziehen, wie viel Material täglich in eine große Stadt zum Bauen, Heizen, zur Kleidung und zur Nahrung hineingeschafft wird und dass in alten Zeiten, wo die Straßen schlecht waren und das Reinigungswerk vernachlässigt wurde, eine vergleichsweise geringe Menge wieder fortgeschafft wurde, so können wir wohl Élie de Beaumont zustimmen, welcher bei Erörterung dieses Gegenstandes sagt: »pour une voiture de matériaux qui en sort, on y en fait entrer cent«.[52] Auch dürfen wir die Wirkungen von Feuersbrünsten, das Abbrechen alter Gebäude und das Entfernen des Schuttes nach dem nächsten freien Platz nicht übersehen.

52 Leçons de Géologie pratique, 1845. S. 142.

Abinger, Surrey. | Spät im Herbst des Jahres 1876 wurde der Grund in einem alten Meiereihof an diesem Ort bis zu einer Tiefe von 2 bis 2½ Fuß gegraben, und die Arbeitsleute fanden dabei verschiedene antike Gegenstände. Dies veranlasste Mr. T. H. Farrer in Abinger Hall, auf einem anstoßenden gepflügten Feld nachsuchen zu lassen. Beim Ausheben eines Grabens wurde sehr bald eine Zementschicht entdeckt, welche zum Teil noch mit Mosaikplättchen (kleine rote Ziegel) bedeckt und auf zwei Seiten von niedergebrochenen Mauern umgeben war. Man nimmt an,[53] dass dieser Raum einen Teil des Atrium oder Empfangszimmers einer römischen Villa bildete. Später wurden noch zwei oder drei andere kleine Zimmer entdeckt. Viele Bruchstücke von irdenen Geräten, andere Gegenstände und Münzen mehrerer römischer Kaiser, aus den Jahren 133 bis 361 und vielleicht 375 n. Chr. herrührend, wurden gleichfalls gefunden; auch ein Halfpenny Georg I. von 1715. Die Gegenwart dieser letzteren Münze scheint eine Anomalie zu sein; aber ohne Zweifel wurde er während des letzten Jahrhunderts auf den Boden fallen gelassen, und seitdem ist eine hinreichend lange Zeit verflossen, um ihn von den Exkrementen der Würmer bis in eine beträchtliche Tiefe eingraben zu lassen. Aus den verschiedenen Daten der römischen Münzen können wir schließen, dass das Gebäude lange bewohnt gewesen ist. Es wurde wahrscheinlich vor 1.400 oder 1.500 Jahren zerstört und verlassen.

Ich war während des Beginns der Ausgrabungen (am 20. August 1877) gegenwärtig; Mr. Farrer ließ an den entgegengesetzten Enden des Atrium zwei tiefe Gräben

53 Ein kurzer Bericht über diese Entdeckung wurde veröffentlicht in »The Times« vom 2. Januar 1878 und eine ausführlichere Schilderung in »The Builder« vom 5. Januar 1878.

graben, damit ich die Beschaffenheit des Bodens in der Nähe der Ruinen untersuchen könne. Das Feld senkte sich sanft von Ost nach West unter einem Winkel von ungefähr 7°; der eine der beiden Gräben, welchen die beistehende Figur darstellt (Fig. 8), fand sich am oberen oder östlichen Ende. Die Zeichnung ist in dem Maßstab von 1/20 Zoll auf einen Zoll angefertigt; der Graben aber, welcher zwischen 4 und 5 Fuß breit und stellenweise über 5 Fuß tief war, ist notwendigerweise außer allem Verhältnis verkleinert worden. Die feine Humusschicht auf dem Boden des Atrium variierte in ihrer Mächtigkeit von 11 bis 16 Zoll und war an der Seite des Grabens auf dem Durchschnitt ein wenig über 13 Zoll dick. Nachdem die Ackererde entfernt worden war, erschien der Fußboden als Ganzes mäßig eben; an einzelnen Stellen aber senkte er sich unter einem Winkel von 1° und an einer Stelle nahe am Außenrand nicht weniger als unter 8° 30'. Die das Pflaster umgebende Mauer war aus rauen Steinen ausgeführt und war da, wo der Graben gegraben worden war, 23 Zoll dick. Der abgebrochene Gipfel fand sich hier 13 Zoll, aber an einer anderen Stelle 15 Zoll unter der Oberfläche des Feldes und war mit der ganzen Dicke der Ackererdenschicht bedeckt. An einer Stelle indessen stieg er bis in eine Tiefe von nur 6 Zoll unter der Oberfläche. An zwei Seiten des Raumes, wo die Verbindung des Zementfußbodens mit den einfassenden Wänden sorgfältig untersucht werden konnte, fand sich kein Riss oder Sprung oder keine Trennung. Es stellte sich später heraus, dass dieser Graben innerhalb eines anstoßenden Zimmers (von 11 Fuß bei 11 Fuß 6 Zoll groß) gegraben worden war, von dessen Existenz man, als ich dort anwesend war, noch nicht einmal eine Vermutung hatte.

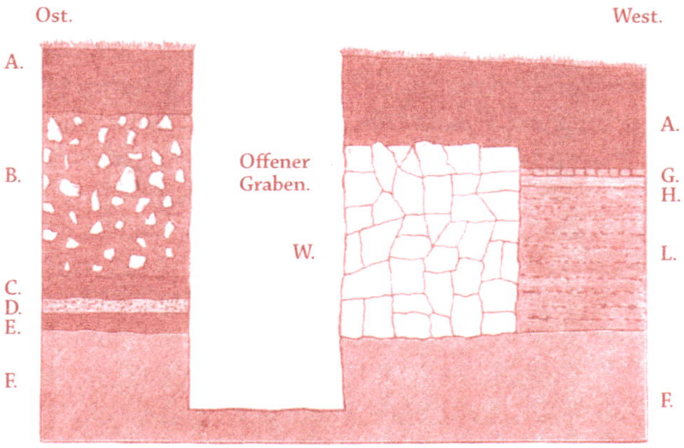

Fig. 8. Durchschnitt durch die Fundamente einer vergrabenen römischen Villa in. A. Humusschicht; B. dunkle Erde, voller Steine, 13 Zoll dick; C. schwarze Ackererde; D. zerstückelter Mörtel; E. schwarze Ackererde; F. nicht aufgestörter Untergrund; G. Fußbodenplättchen; H. Zementschicht; I. Masse unbekannter Beschaffenheit; W. vergrabene Wand.

Auf der Seite des Grabens, welcher von der vergrabenen Mauer (W) am weitesten entfernt war, variierte die Dicke der Humusschicht von 9 bis 14 Zoll; sie ruhte auf einer 23 Zoll mächtigen Masse von schwärzlicher, viele große Steine einschließender Erde. Unterhalb dieser fand sich eine dünne Schicht sehr schwarzer Ackererde (C), dann eine Schicht von Erde voll von Mörtelbruchstücken (D) und dann eine andere Schicht (ungefähr 3 Zoll dick) von sehr schwarzem Humus (E), welche auf dem nicht aufgestörten Untergrund von festem, gelblichem, tonigem Sand ruhte (F). Die 23 Zoll dicke Erdschicht (B) war wahrscheinlich künstliches Fundament, da hierdurch der Fußboden dieses Zimmers in ein Niveau mit dem des Atrium gebracht wurde. Die zwei dünnen Schichten von schwarzem Humus am Grund des Grabens bezeichneten offenbar die Oberflächen zweier früherer Zustände des Landes. Außerhalb der Wände des nördlichen Zimmers wurden später viele Knochen, Asche, Austernschalen, zerbrochene Topfwaren und ein ganz gebliebener Topf in einer Tiefe von 16 Zoll unter der Oberfläche gefunden.

Der zweite Graben wurde auf der westlichen oder unteren Seite der Villa gegraben; die Humusschicht war hier nur 6½ Zoll dick; sie ruhte auf einer Schicht feiner Erde voll von Steinen, zerbrochenen Ziegeln und Mörtelbruchstücken, welche 34 Zoll dick war und unter welcher der nicht gestörte Sand folgte. Die größte Masse dieser Erde war wahrscheinlich vom oberen Teil des Feldes herabgewaschen worden, und die Bruchstücke von Steinen, Ziegeln u. s. w. müssen von den unmittelbar daran stoßenden Ruinen hergekommen sein.

Auf den ersten Blick scheint es eine überraschende Tatsache zu sein, dass dieses Feld mit leicht sandigem Boden viele Jahre hindurch kultiviert und gepflügt worden sein sollte und dass doch trotzdem nicht eine Spur dieser alten Bauten entdeckt worden wäre. Niemand hatte auch nur eine Vermutung, dass die Überreste einer römischen Villa dicht unter der Oberfläche verborgen liegen könnten. Die Tatsache wird aber weniger überraschend, wenn man weiß, dass das Feld, wie der Gutsverwalter meinte, niemals bis zu einer größeren Tiefe als 4 Zoll gepflügt worden ist. Sicher ist, dass, als das Land zuerst gepflügt wurde, das Pflaster und die umgebenden zerbrochenen Wände von mindestens 4 Zoll Erde bedeckt gewesen sein müssen; denn im anderen Fall würden der zerfallene zementierte Fußboden von der Pflugschar zerkratzt, die Mosaikplättchen anfgewühlt und die Gipfel der alten Wände umgestürzt worden sein.

Als der Zement und die Mosaikplatten zuerst auf einem Raum von 14 Fuß bis 9 Fuß gereinigt worden waren, bot der Fußboden, welcher mit niedergetretener Erde bedeckt war, keinerlei Anzeichen dafür dar, dass er von Würmern durchbohrt worden sei; und obgleich der darüberliegende feine Humus dem äußerst ähnlich war, welcher an vielen Stellen sicherlich von Würmern angehäuft worden ist, so schien es doch kaum glaubhaft zu sein, dass dieser Humus hier von unterhalb des allem Anschein nach unverletzten Bodens her durch die Würmer heraufgeschafft worden wäre. Es schien auch äußerst unwahrscheinlich zu sein, dass die den Raum umgebenden und noch immer mit dem Zementboden verbundenen Wände von den Würmern unterminiert worden und dadurch zum Einsinken veranlasst worden wären, worauf sie dann später mit deren Exkrementmassen bedeckt worden wären. Ich kam daher anfangs zu dem Schluss, dass die sämtliche feine Ackererde über den Ruinen von den oberen Teilen des Feldes herabgewaschen worden sei; doch werden wir bald sehen, dass dieser Schluss bestimmt falsch ist, obschon es beobachtet worden ist, dass viel feine Erde von dem oberen Teil des Feldes in seinem gegenwärtigen gepflügten Zustand während heftiger Regengüsse herabgewaschen wird.

Obgleich es anfangs nicht den Anschein hatte, als wäre der Zementfußboden irgendwo von Würmern durchbohrt worden, so waren doch am nächsten Morgen kleine platte Klümpchen der niedergetretenen Erde über den Mündungen von sieben Röhren, welche durch die weicheren Teile des entblößten Zements oder in den Zwischenräumen zwischen den Mosaikplatten hindurchtraten, von den Würmern in die Höhe gehoben worden. Am dritten Morgen wurden fünfundzwanzig

Wurmröhren gezählt; und als die kleinen Erdklümpchen plötzlich emporgehoben wurden, sah man vier Würmer im Akt des eiligen Rückzugs. Während der dritten Nacht wurden zwei Exkremente auf den Fußböden ausgeworfen, und diese waren von bedeutender Größe. Die Jahreszeit war der vollen Tätigkeit der Würmer nicht günstig, und das Wetter war seit Kurzem heiß und trocken gewesen, sodass die meisten Würmer in einer beträchtlichen Tiefe lebten. Beim Ausheben der beiden Gräben wurden viele offene Röhren und einige Würmer in einer Tiefe von zwischen 30 und 40 Zoll unter der Oberfläche angetroffen; in einer noch größeren Tiefe aber wurden sie selten. Indessen wurde ein Wurm in einer Tiefe von 48 ½ und ein anderer in einer Tiefe von 51 ½ Zoll unter der Oberfläche durchgeschnitten. Auch wurde ein frisch mit Humus ausgekleideter Gang in einer Tiefe von 57 und ein anderer in einer Tiefe von 65 ½ Zoll angetroffen. In größeren Tiefen als diesen wurden weder Wurmröhren noch Würmer gesehen.

Da ich zu erfahren wünschte, wie viele Würmer unter dem Fußboden des Atrium – auf einem Raum von ungefähr 14 Fuß zu 9 Fuß – lebten, war Mr. Farrer so freundlich, in meinem Interesse Beobachtungen während der nächsten sieben Wochen anzustellen, in welcher Zeit die Würmer auf den ringsherum liegenden Grundstücken in voller Tätigkeit waren und in der Nähe der Oberfläche arbeiteten. Es ist sehr unwahrscheinlich, dass Würmer von den umgebenden Feldstücken in den kleinen Raum des Atrium eingewandert sein sollten, nachdem die oberflächliche Humusschicht, in welcher sie zu leben vorziehen, entfernt worden war. Wir dürfen daher wohl schließen, dass die Röhren und die Exkremente, welche hier während der folgenden sieben Wochen gesehen wurden, die Arbeit der bereits früher hier vorhandenen Bewohner des Raumes waren. Ich will nun einige wenige Auszüge aus den Aufzeichnungen Mr. Farbers mitteilen.

26. August 1877, d. i. fünf Tage, nachdem der Fußboden aufgeräumt worden war. In der vorausgehenden Nacht war ein heftiger Regen niedergegangen, welcher die Oberfläche reingewaschen hatte; es wurden nun die Mündungen von vierzig Wurmröhren gezählt. Teile des Zements ergaben sich als solid und waren niemals von Würmern durchbohrt worden; auf diesen Stellen stand das Regenwasser.

5. September. Spuren von Würmern, welche während der vorausgehenden Nacht gemacht worden waren, waren auf der Oberfläche des Fußbodens zu sehen, und fünf oder sechs wurmförmige Exkremente waren ausgeworfen worden. Dieselben waren zerfallen.

12. September. Während der letzten sechs Tage waren die Würmer nicht tätig gewesen, obgleich auf den benachbarten Feldern viele Exkrementmassen ausgeworfen worden waren; an diesem Tag aber war an zehn frischen Stellen die Erde über den Mündungen der Wurmröhren ein wenig emporgehoben oder es waren Exkremente ausgeworfen worden. Es muss hierbei bemerkt werden, dass, wenn hier von einer frischen Wurmröhre gesprochen wird, dies meistens heißen soll, dass ein alter Gang wieder geöffnet worden ist. Mr. Farrer war wiederholt davon betroffen, mit welcher Beharrlichkeit die Würmer ihre alten Gänge wieder öffneten, selbst wenn keine Erde ausgeworfen wurde. Ich habe häufig dieselbe Tatsache beobachtet, und meistens werden die Mündungen der Röhren durch eine Anhäufung von Steinen, Stöckchen oder Blättern geschützt. Mr. Farrer beobachtete gleichfalls, dass die unter dem Fußboden des Atrium lebenden

Würmer häufig grobe Sandkörner und andere solche kleinen Steine, wie sie sie finden konnten, rings um die Mündungen ihrer Röhren aufsammelten.

13. September. Weiches, nasses Wetter. An 31 Stellen waren die Mündungen der Röhren wieder geöffnet oder Exkremente ausgeworfen worden; diese waren sämtlich verwischt.

14. September. 34 frische Höhlen oder Exkrementmassen, sämtlich zerfallen.

15. September. 44 frische Höhlen, nur 5 Exkremente, alle zerfallen.

18. September. 43 frische Höhlen, 8 Exkremente, sämtlich zerfallen.

Die Anzahl der Exkrementmassen auf den umgebenden Feldern war jetzt sehr bedeutend.

19. September. 40 Höhlen, 8 Exkremente, sämtlich zerfallen.

22. September. 43 Höhlen, nur einige wenige frische Exkremente, alle zerfallen.

23. September. 44 Höhlen, 8 Exkremente.

25. September. 50 Höhlen, keine Angabe über die Zahl der Exkremente.

13. Oktober. 61 Höhlen, keine Angabe über die Zahl der Exkremente.

Nach Verlauf von drei Jahren sah auf mein Ersuchen Mr. Farrer wiederum nach dem Zementfußboden und fand die Würmer noch immer an der Arbeit.

Da ich wusste, eine wie große Muskelkraft die Würmer besitzen, und da ich sah, wie weich der Zementboden an vielen Stellen war, so war ich darüber nicht überrascht, dass er von den Wurmröhren durchbohrt worden war; eine überraschendere Tatsache ist es aber, dass, wie Mr. Farrer fand, der Mörtel zwischen den unbehauenen

Steinen der dicken, die Zimmer umgebenden Mauern von Würmern durchbohrt worden war. Am 26. August, also fünf Tage nachdem die Ruinen bloßgelegt worden waren, beobachtete er vier offene Gänge an dem abgebrochenen Gipfel der östlichen Wand (in Fig. 8), und am 15. September waren in ähnlicher Weise andere Gänge zu sehen. Es muss auch noch bemerkt werden, dass auf der senkrechten Seite des Grabens (welcher viel tiefer war, als in Fig. 8 dargestellt ist) drei frische Wurmröhren zu sehen waren, welche schräg weit hinab unter die Basis der alten Mauer liefen.

Wir sehen hieraus, dass viele Würmer unterhalb des Fußbodens und der Mauern des Atrium zu der Zeit, als die Ausgrabungen ausgeführt wurden, lebten und dass sie späterhin beinahe täglich Erde aus einer beträchtlichen Tiefe an die Oberfläche brachten. Es ist nicht der mindeste Grund vorhanden, daran zu zweifeln, dass die Würmer beständig in dieser Weise gearbeitet haben seit der Zeit, in welcher der Zementboden hinreichend zerfallen war, um ihnen zu gestatten, ihn zu durchbohren; und selbst vor dieser Zeit werden sie unterhalb des Fußbodens gelebt haben, sobald er nur für den Regen durchgängig wurde, sodass die Erde unter ihm feucht wurde. Der Fußboden und die Seitenmauern müssen daher beständig unterminiert worden sein, und feine Erde muss während vieler Jahrhunderte, vielleicht während eines Jahrtausends, auf ihm angehäuft worden sein. Wenn die Wurmröhren unterhalb des Fußbodens und der Wände, welche wahrscheinlich früher ebenso zahlreich waren, wie sie es jetzt sind, im Lauf der Zeit nicht in der früher auseinandergesetzten Art und Weise zusammengesunken wären, so würde die darunterliegende Erde mit solchen Gängen wie ein Schwamm durchlöchert worden sein;

und da dies nicht der Fall war, so können wir sicher sein, dass sie zusammengefallen sind. Das unvermeidliche Resultat eines solchen Zusammenfallens während aufeinanderfolgender Jahrhunderte wird das langsame Einsinken des Fußbodens und der Seitenwände und ihr Eingegrabenwerden unter den angehäuften Wurmexkrementen gewesen sein. Das Untersinken eines Fußbodens, während derselbe noch immer nahezu horizontal bleibt, dürfte auf den ersten Blick unwahrscheinlich erscheinen; dieser Fall bietet aber nicht mehr wirkliche Schwierigkeit dar, als der andere, dass einzelne auf die Oberfläche eines Feldes lose gestreute Gegenstände, wie wir gesehen haben, im Verlauf einiger weniger Jahre mehrere Zoll unterhalb der Oberfläche vergraben waren, obschon sie noch immer eine mit der Oberfläche parallele Schicht bilden. Das Vergrabenwerden des gepflasterten und ebenen Fußwegs auf meinem Rasenplatz, welches unter meinen eigenen Augen stattfand, ist ein analoger Fall. Selbst diejenigen Teile des Zementfußbodens, welche die Würmer nicht durchbohren konnten, werden beinahe sicher unterminiert worden sein und werden wie die großen Steine in Leith Hill Place und Stonehenge eingesunken sein, denn der Boden wird unter ihnen feucht gewesen sein. Aber die Geschwindigkeit des Einsinkens der verschiedenen Teile wird nicht vollständig gleich gewesen sein, und es war auch der Fußboden nicht völlig eben. Die Fundamente der Seitenmauern liegen, wie in dem Durchschnitt zu sehen ist, in einer sehr geringen Tiefe unter der Oberfläche; sie werden daher mit nahezu derselben Geschwindigkeit wie der Fußboden untergesunken sein. Dies würde aber nicht eingetreten sein, wenn die Fundamente tief gelegen hätten, wie es bei einigen anderen sofort zu beschreibenden römischen Ruinen der Fall gewesen ist.

Wir dürfen endlich schließen, dass ein großer Teil des feinen vegetabilischen Humus, welcher den Fußboden und die niedergebrochenen Seitenmauern dieser Villa an einigen Stellen bis zu einer Mächtigkeit von 16 Zoll bedeckte, von unten her durch die Würmer heraufgeschafft worden ist. Nach Tatsachen, welche später noch mitgeteilt werden sollen, kann darüber kein Zweifel bestehen, dass etwas von der feinsten, in der erwähnten Weise heraufgeschafften Erde während eines jeden heftigen Regenschauers über die leicht abwärtsgeneigte Fläche des Feldes hinabgewaschen worden sein wird. Wäre dies nicht eingetreten, so würde sich eine größere Menge von Ackererde auf den Ruinen angehäuft haben als die gegenwärtig dort vorhandene. Aber außer den Wurmexkrementen und etwas von Insekten heraufgeschaffter Erde und einer geringen Anhäufung von Staub wird viel feine Erde von den oberen Teilen des Feldes, seitdem es in Kultur genommen worden ist, über die Ruinen gewaschen worden sein und von der Schicht über den Ruinen auf die niedrigeren Teil des Abhangs, sodass die gegenwärtige Dicke der Humusschicht das kombinierte Resultat dieser verschiedenen Einwirkungen ist.

Ich will hier einen modernen Fall vom Einsinken eines Pflasters einschalten, welchen mir im Jahre 1871 Mr. Ramsay, der Direktor der geologischen Landesaufnahme von England, mitgeteilt hat. Ein Gang, ohne Dach, von 7 Fuß Länge und 3 Fuß 2 Zoll Breite, führte von seinem Haus in den Garten und war mit Platten von Portland-Stein gepflastert. Mehrere dieser Platten maßen 16 Zoll im Geviert, andere waren größer und einige ein wenig kleiner. Der Mitte des Ganges entlang war dies Pflaster um ungefähr 3 Zoll eingesunken und auf jeder

Seite 2 Zoll, wie an den Zementlinien noch zu sehen war, durch welche die Platten ursprünglich mit den Seitenwänden verbunden gewesen waren. Auf diese Weise war das Pflaster der Mitte entlang unbedeutend konkav geworden; am Ende aber, dicht am Haus, war keine Senkung eingetreten. Mr. Ramsay konnte dieses Sinken nicht erklären, bis er endlich beobachtete, dass entlang den Verbindungslinien zwischen den Platten häufig Exkrementmassen von schwarzem Humus ausgeworfen wurden, und diese Exkremente wurden regelmäßig fortgekehrt. Die verschiedenen Verbindungslinien hatten alle zusammen, mit Einschluss derer mit den Seitenmauern, eine Länge von 39 Fuß 2 Zoll. Das Pflaster hatte nicht das Aussehen, als sei es jemals erneuert worden, und das Haus war, der allgemeinen Annahme nach, ungefähr vor siebenundachtzig Jahren gebaut worden. In Anbetracht aller dieser Umstände zweifelt Mr. Ramsay nicht daran, dass die von den Würmern in der Zeit von der ersten Legung des Pflasters an – oder vielmehr seitdem der Zerfall des Mörtels den Würmern gestattete, ihn zu durchbohren und daher in einer viel weniger als siebenundachtzig Jahre betragenden Zeit – heraufgeschaffte Erde hingereicht hat, das Einsinken des Pflasters bis zu dem oben angegebenen Betrag zu verursachen, ausgenommen dicht am Haus, wo der Boden unter dem Pflaster nahezu trocken geblieben war.

Beaulieu Abbey, Hampshire. | Es wurde diese Abtei von Heinrich VIII. zerstört, und gegenwärtig ist nur ein Teil der südlichen Chorwand übrig. Man ist der Meinung, dass der König die meisten Steine zum Bau eines Schlosses hat fortschaffen lassen, und sicher ist, dass sie entfernt worden sind. Die Lage des Querschiffs ist vor nicht langer Zeit dadurch ermittelt worden, dass man die Fundamente gefunden hat, die Stelle ist jetzt durch in die Erde eingelassene Steine bezeichnet worden. Wo die Abtei früher gestanden hat, da dehnt sich jetzt eine glatte, mit Gras bedeckte Fläche aus, welche in allen Beziehungen den übrigen Teilen des Feldes gleich ist. Der Wächter, ein sehr alter Mann, sagte aus, dass während seiner Zeit die Fläche nie geebnet worden ist. Im Jahre 1853 ließ der Herzog von Buccleuch am westlichen Ende des Schiffs drei Löcher im Rasen graben, einige wenige Yards voneinander entfernt; hierbei wurde das alte, getäfelte Pflaster der Abtei entdeckt. Diese Löcher wurden später mit Mauerwerk umgeben und mit Falltüren bedeckt, sodass das Pflaster erhalten und der leichten Besichtigung zugänglich wurde. Als mein Sohn William den Ort am 5. Januar 1872 untersuchte, fand er, dass das Pflaster in den drei Löchern in Tiefen von 6¾, 10 und 11½ Zoll unter der umgebenden mit Rasen bedeckten Oberfläche lag. Der alte Wächter versicherte, dass er häufig gezwungen sei, Wurm-Exkrementhaufen von dem Pflaster zu entfernen und dass er dies schon vor ungefähr sechs Monaten getan habe. Mein Sohn sammelte sämtliche Exkrementmassen aus einem der Löcher, dessen Oberfläche 5,32 Quadratfuß maß; sie wogen 7,97 Unzen. Angenommen, diese Menge sei in sechs Monaten angehäuft worden, so würde die Anhäufung während eines Jahres auf einem Quadratyard 1,68 Pfund betragen, was, obschon eine große Menge, doch sehr gering ist verglichen mit dem, was, wie wir gesehen haben, häufig auf Feldern und Angern ausgeworfen wird. Als ich die Abtei am 22. Juni 1877 besuchte, sagte mir der alte Wächter, dass er die Löcher vor ungefähr einem Monat gereinigt habe; es waren aber ziemlich viele Exkremente seitdem wieder ausgeworfen worden. Ich vermute, er bildete sich ein, die Pflaster häufiger gekehrt zu haben, als er wirklich getan hat; denn die Bedingungen waren in mehreren Beziehungen einer Anhäufung einer selbst nur mäßigen Menge von Exkrementmassen sehr ungünstig. Die Ziegelplatten sind ziemlich groß, nämlich ungefähr 5½ Zoll im Geviert, und der Mörtel zwischen ihnen war an den meisten Stellen noch gesund, sodass die Würmer nur an gewissen Stellen imstande waren, Erde von unten her heraufzuschaffen. Die Ziegelplatten lagen auf einer Schicht Zement, und die Exkremente bestanden infolge dieser Umstände zum großen Teil (nämlich im Verhältnis von 19 zu 33) aus Stückchen von Mörtel, Sandkörnern, kleinen Gesteinsbruchstückchen, Ziegel- oder Plattenstückchen, und derartige Substanzen konnten den Würmern kaum angenehm und sicher nicht nahrhaft sein.

Mein Sohn grub an verschiedenen Stellen innerhalb der früheren Mauern der Abtei Löcher in der Entfernung von mehreren Yards an den oben erwähnten mit Mauerwerk umgebenen viereckigen Löchern. Er fand keine Ziegel, obgleich bekannt ist, dass sich solche an einigen anderen Stellen finden; an einer Stelle kam er aber auf Zement, auf welchem früher einmal Ziegelplatten gelegen hatten. Die feine Humusschicht unterhalb des Rasens an den Seitenwänden der verschiedenen Löcher variierte in ihrer Mächtigkeit von nur 2 bis 2¾ Zoll, und dieselbe lag auf einer Schicht, von 8¾ bis über 11 Zoll dick, welche aus Bruchstücken von Mörtel und Steinschutt bestand, dessen Zwischenräume kompakt mit schwarzem Humus ausgefüllt waren. Auf dem umgebenden Feld, in einer Entfernung von 20 Yards an der Abtei, betrug die Dicke der feinen vegetabilischen Ackererde 11 Zoll.

Aus diesen Tatsachen können wir schließen, dass, als die Abtei zerstört und die Steine entfernt wurden, eine Schicht von Schutt über die ganze Oberfläche ausgebreitet liegen blieb, und dass die Würmer, sobald sie imstande waren, den zersetzten Zement zu durchbohren und in die Verbindungen zwischen den Ziegelplatten zu dringen, langsam die Zwischenräume in dem darüberliegenden Schutt mit ihren Exkrementen ausfüllten, welche dann später bis zu einer Dicke von nahezu drei Zoll über die ganze Oberfläche hin angehäuft wurden. Wenn wir diesem letzten Betrag noch die Ackererde zwischen den Steinfragmenten hinzurechnen, so müssen wohl einige fünf oder sechs Zoll Ackererde von unterhalb dem Zement oder den Ziegeltafeln heraufgeschafft worden sein. Die Zementlage oder die Ziegelplatten werden folglich bis nahezu in diesem Grad eingesunken sein. Die Basen der Säulen der Chorseiten sind gegenwärtig unter Humus und Rasen begraben. Es ist nicht wahrscheinlich, dass sie von Würmern unterminiert worden sein könnten, denn ohne Zweifel werden ihre Fundamente in einer beträchtlichen Tiefe gelegt worden sein. Wenn sie nicht eingesunken sind, so müssen die Steine, aus welchen die Säulen errichtet waren, von unterhalb des früheren Niveaus des Fußbodens entfernt worden sein.

Chedworth, Gloucestershire. | Die Überreste einer großen römischen Villa wurden hier im Jahre 1866 auf Grund und Boden entdeckt, welcher seit undenklichen Zeiten mit Wald bedeckt gewesen war. Es scheint auch nicht einmal eine Vermutung existiert zu haben, dass antike Bauwerke an diesem Ort vergraben lägen, bis ein Wildwart beim Ausgraben von Kaninchen einige

Überreste antraf.[54] Später wurden aber auch die Gipfel einiger steinerner Mauern, welche ein wenig über die Oberfläche des Bodens vorsprangen, an einzelnen Stellen des Waldes entdeckt. Die meisten der hier gefundenen Münzen gehörten dem Constans (welcher 350 n. Chr. starb) und der Familie des Constantin an. Meine Söhne Francis und William besuchten den Ort im November 1877, um zu ermitteln, welchen Anteil die Regenwürmer beim Eingraben dieser ausgedehnten Baureste gehabt haben dürften. Die Umstände waren aber der Untersuchung dieses Punktes nicht günstig, da die Ruinen auf drei Seiten von verhältnismäßig steilen Abhängen umgeben sind, auf welche während Regenwetters Erde hinabgewaschen wird. Überdies sind die meisten der alten Räume mit Dächern bedeckt gewesen, um die elegant getäfelten Fußböden zu schützen.

Einige wenige Tatsachen mögen indessen über die Dicke der Bodenschicht über dieser Ruine hier mitgeteilt werden. Dicht nach außen von den nördlichen Zimmern findet sich eine zerbrochene Mauer, deren Gipfel von einer 5 Zoll mächtigen Schicht schwarzer Ackererde bedeckt war; und in einem an der äußeren Seite dieser Mauer, wo der Boden niemals vorher aufgestört worden war, gegrabenen Loch wurde eine Schicht schwarzen Humus voller Steine von 26 Zoll Mächtigkeit auf dem nicht aufgestörten Untergrund an gelbem Ton aufliegen gefunden. In einer Tiefe von 22 Zoll wurden der Kieferknochen eines

54 Es sind mehrere Beschreibungen dieser Ruinen veröffentlicht worden; die beste ist die von Mr. James Farrer in: Proc. Soc. of Antiquaires of Scotland, Vol. VI. S. II. 1867. S. 278. Ebenso: J. W. Glover in: Journ. of the British Arch. Assoc. 1866. Professor Buckman hat gleichfalls eine Broschüre veröffentlicht: »Notes on the Roman Villa at Chedworth.« 2. Aufl. Cirencester, 1873.

Schweins und ein Ziegelbruchstück gefunden. Als die Ausgrabungen zuerst angestellt wurden, wuchsen einige große Bäume über den Ruinen; und der Stumpf eines derselben ist direkt über einer Scheidewand in der Nähe des Badezimmers stehen gelassen worden, um die Mächtigkeit des darüberliegenden Bodens zu zeigen, welche hier 38 Zoll betrug. In einem kleinen Zimmer, welches, nachdem es ausgeräumt worden war, nicht mit einem Dach versehen worden war, beobachteten meine Söhne die Röhre eines Wurms, welche durch den zerfallenen Steinmörtel durchging, und innerhalb derselben wurde ein lebender Wurm gefunden. In einem anderen offenen Zimmer waren Wurmexkremente auf dem Fußboden zu sehen, über welchen durch diese Umstände etwas Erde abgelagert worden war; und hier wuchs nun Gras.

Brading, Insel Wight. | Eine schöne römische Villa wurde hier im Jahre 1880 entdeckt; und mit Ende Oktober waren nicht weniger als 18 Zimmer mehr oder weniger bloßgelegt und aufgeräumt. Es wurde eine vom Jahre 337 n. Chr. datierte Münze gefunden. Mein Sohn William besuchte den Ort, ehe die Ausgrabungen vollendet worden waren; er teilt mir mit, dass die meisten Fußböden anfangs mit viel Schutt und herabgefallenen Steinen bedeckt waren, deren Zwischenräume vollständig mit Ackererde angefüllt waren; über dieser – welche, wie die Arbeiter angaben, äußerst zahlreiche Würmer enthielt – lag eine Schicht Ackererde ohne irgendwelche Steine. Die ganze Masse hatte an den meisten Stellen eine Mächtigkeit von 3 bis über 4 Fuß. In einem sehr großen Raum war die oben aufliegende Erde nur 2 Fuß 6 Zoll mächtig, und nachdem diese entfernt worden war, wurden so viele Exkremente zwischen den Ziegelplatten aufgeworfen, dass die Fläche beinahe täglich gekehrt werden musste. Die meisten der Fußböden waren leidlich eben. Die Gipfel der umgebrochenen Mauern waren an einigen Stellen mit nur 4 oder 5 Zoll Erde bedeckt, sodass sie gelegentlich mit dem Pflug getroffen worden waren; an anderen Stellen waren sie mit einer Schicht Erde von 13 bis 18 Zoll Dicke bedeckt. Es ist nicht wahrscheinlich, dass diese Mauern von Regenwürmern unterminiert und dadurch zum Sinken gebracht worden sein können, da sie auf einem Fundament von sehr hartem roten Sand ruhten, in welchen die Würmer kaum bohren konnten. Indessen fand mein Sohn, dass der Mörtel zwischen den Steinen der Mauern eines Herdraumes von vielen Wurmgängen durchbohrt worden war. Die Überreste dieser Villa stehen auf einem Grundstück, welches unter einem Winkel von ungefähr 3° geneigt ist; das Land scheint seit langer Zeit kultiviert zu sein. Ohne Zweifel ist daher eine beträchtliche Menge feiner Erde von den oberen Teilen des Feldes hinabgewaschen worden und hat in hohem Grad das Begraben dieser Ruine unterstützt.

Silchester, Hampshire. | Die Ruinen dieser kleinen römischen Stadt sind besser erhalten worden als irgendwelche anderen Überreste dieser Art in England. Eine geborstene Mauer, an den meisten Stellen von 15 bis 18 Fuß Höhe und von einer Ausdehnung von ungefähr 1 ½ englischen Meilen, umgibt gegenwärtig einen Flächenraum von ungefähr 100 Acres kultivierten Landes, auf welchem eine Meierei und eine Kirche stehen.[55] Früher konnten, wenn das Wetter trocken war, die Züge der vergrabenen Mauern

55 Diese Einzelheiten sind aus der »Penny Encyclopaedia«, Artikel Hampshire genommen.

nach dem Aussehen des Getreides verfolgt werden; und neuerdings sind vom Herzog von Wellington sehr ausgedehnte Ausgrabungen unter der Oberaufsicht des verstorbenen Mr. J. G. Joyce angestellt worden, mittels deren viele große Gebäude entdeckt worden sind. Mr. Joyce machte sorgfältige, kolorierte Durchschnittszeichnungen und maß die Mächtigkeit einer jeden Schuttschicht, während die Ausgrabungen im Werk waren; er hatte auch die Freundlichkeit, mir eine Kopie von mehreren dieser Zeichnungen zu schicken. Als meine Söhne Francis und Horace diese Ruinen besuchten, begleitete er dieselben und fügte seine Bemerkungen ihren Aufzeichnungen bei.

Mr. Joyce schätzt die Zeit, während welcher die Stadt bewohnt gewesen ist, auf ungefähr drei Jahrhunderte; und ohne Zweifel muss während dieser langen Zeit viel Masse innerhalb der Mauern angehäuft worden sein. Sie scheint durch Feuer zerstört worden zu sein, und die meisten zum Aufführen der Gebäude benutzt gewesenen Steine sind seitdem fortgeschafft worden. Diese Umstände sind der Ermittlung des Anteils, welchen die Regenwürmer beim Eingraben der Ruinen gehabt haben, ungünstig; da aber sorgfältige Durchschnitte durch den über einer antiken Stadt liegenden Schutt in England nur selten oder noch niemals vorher gemacht worden sind, so will ich hier Kopien der charakteristischsten Teile einiger der von Mr. Joyce ausgeführten hier mitteilen. Sie haben eine zu bedeutende Länge, um hier ganz eingerückt zu werden.

Ein von Ost nach West gerichteter, 30 Fuß langer Durchschnitt wurde quer durch einen Raum in der Basilika ausgeführt, welche gegenwärtig die »Halle der Kaufleute« genannt wird (Fig. 9). Der harte, noch immer hier und da mit Ziegeltäfelchen bedeckte Fußboden aus

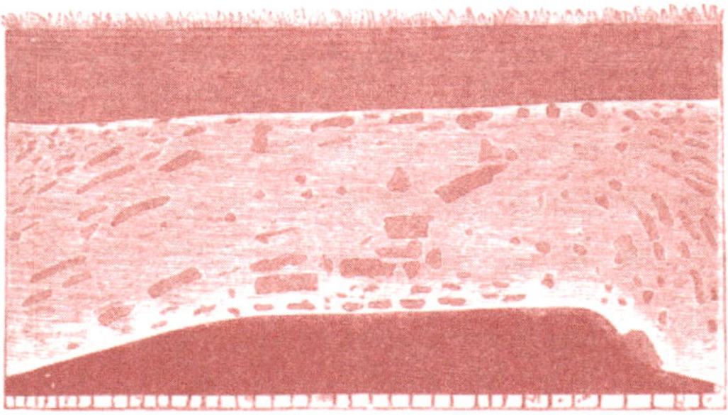

Fig. 9. Durchschnitt innerhalb eines Raumes in der Basilika in Silchester. Maßstab $^{1}/_{18}$.

Steinmörtel wurde in 3 Fuß Tiefe unter der Oberfläche des Feldes, welches hier eben war, gefunden. Auf dem Fußboden fanden sich zwei große Haufen verkohltes Holz, von denen nur der eine in dem hier mitgeteilten Stück der Durchschnittszeichnung dargestellt ist. Dieser Haufen war von einer dünnen weißen Schicht Stuck oder Gips bedeckt, über welcher eine Masse lag, welche ein eigentümliches Aussehen von durcheinandergeworfenen zerbrochenen Ziegeln, von Mörtel, Schutt und feinem Kies darbot und im Ganzen eine Dicke von 27 Zoll besaß. Mr. Joyce meint, der Kies sei zur Bereitung des Mörtels oder Zements benutzt worden, welcher seitdem wieder zersetzt ist, da wahrscheinlich etwas von dem Kalk aufgelöst worden ist. Der aufgewühlte Zustand des Schutts dürfte eine Folge davon sein, dass in ihm nach Bausteinen gesucht worden ist. Diese Schicht war überdeckt von einer Lage feiner vegetabilischer Ackererde von 9 Zoll Mächtigkeit. Aus diesen Tatsachen dürfen wir schließen, dass die Halle niedergebrannt wurde und dass dabei viel Schutt auf den Fußboden gefallen war; von diesem und

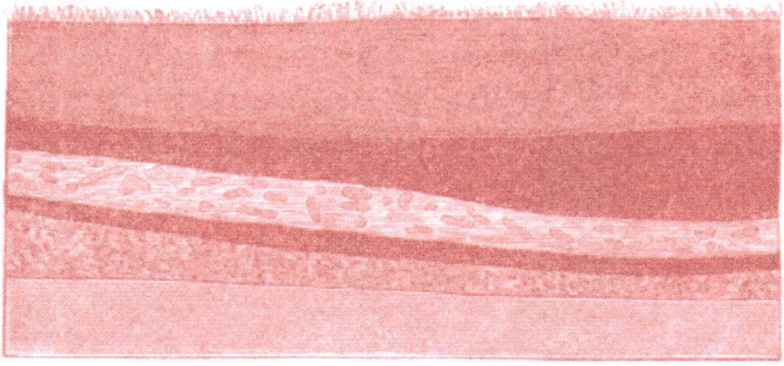

Fig. 10. Durchschnitt innerhalb einer Halle in der Basilika in Silchester. Maßstab 1/32.

durch denselben wurde dann die gegenwärtig die Oberfläche des Feldes bildende Ackererde langsam von den Regenwürmern heraufgeschafft.

Ein Durchschnitt quer durch die Mitte einer anderen Halle in der Basilika von 32 Fuß 6 Zoll Länge, genannt das Oevarium, ist in Fig. 10 dargestellt. Es geht hieraus hervor, dass wir hier Beweise für zwei Feuersbrünste haben, welche durch einen Zeitraum voneinander getrennt waren, während welches die 6 Zoll »Mörtel und Zement mit zerbrochenen Ziegeln« angehäuft wurden. Unter einer der Schichten von verkohltem Holz wurde ein wertvolles antikes Stück, ein bronzener Adler, gefunden; dies weist darauf hin, dass die Soldaten den Ort in panischem Schrecken verlassen haben müssen. Wegen des Todes des Mr. Joyce bin ich nicht imstande gewesen zu ermitteln, unter welcher der zwei Schichten von verkohltem Holz der Adler gefunden worden ist. Die Schuttschicht, welche auf dem nicht aufgestörten Kiesbett liegt, bildete, wie ich vermute, ursprünglich den Fußboden, denn er steht in einem Niveau mit dem des Korridors außerhalb der Mauern der Halle; der Korridor ist aber in dem Durchschnitt, soweit derselbe hier mitgeteilt ist, nicht dargestellt. Die Humusschicht war an der dicksten Stelle 16 Zoll dick, und die Tiefe an der mit Pflanzenwuchs bedeckten Oberfläche des Feldes bis zu dem nicht aufgestörten Kies betrug 40 Zoll.

Der in Fig. 11 mitgeteilte Durchschnitt stellt eine in der Mitte der Stadt ausgeführte Ausgrabung dar und wird hier besonders deshalb eingerückt, weil die Schicht »weicher Ackererde« nach der Angabe des Mr. Joyce die ungewöhnliche Mächtigkeit von 20 Zoll erreichte. Kies fand sich in einer Tiefe von 48 Zoll von der Oberfläche; es wurde aber nicht ermittelt, ob sich derselbe hier in seinem natürlichen Zustand vorfand oder ob er hierher gebracht und niedergerammt worden war, wie es an einigen anderen Stellen der Fall gewesen war.

Der in Fig. 12 wiedergegebene Durchschnitt war in dem Mittelpunkt der Basilika genommen worden, und obgleich er 5 Fuß Tiefe betrug, so war doch der natürliche Untergrund nicht erreicht worden. Die mit »Zement« bezeichnete Schicht bildete wahrscheinlich zu einer Zeit den Fußboden, und die Schichten unter dieser scheinen die Überreste noch älterer Bauwerke zu sein. Die Schicht vegetabilischer Ackererde hatte hier nur eine Mächtigkeit von 9 Zoll. In einigen anderen, hier nicht kopierten Durchschnittszeichnungen finden wir gleichfalls Belege dafür, dass Gebäude über den Ruinen noch älterer errichtet worden sind. In einem Fall fand sich eine Schicht gelben Tons von sehr ungleicher Dicke zwischen Schuttschichten, von denen die untere auf einem Fußboden mit Täfelung lag. Die alten, zerbrochenen Mauern sehen zuweilen so aus, als seien sie in einer rohen Art und Weise bis zu einem gleichförmigen Niveau niedergelegt

Fig. 11. Durchschnitt innerhalb einer Gebäudemasse in der Mitte der Stadt Silchester.

worden, um einem temporären Bauwerk als Fundament zu dienen; und Mr. Joyce sprach die Vermutung aus, dass einige dieser Bauwerke mit Hürden umzäunte und mit Ton gepflasterte Schuppen gewesen seien, was das Vorhandensein der oben erwähnten Tonschicht erklären würde.

Wir wollen uns nun zu den Punkten wenden, welche uns hier unmittelbarer interessieren. Wurmexkrementmassen wurden auf den Fußböden von mehreren der Räume gefunden, an deren einem die Täfelung ungewöhnlich vollkommen erhalten war. Die Täfelchen bestanden hier aus kleinen Würfeln von hartem Sandstein von ungefähr 1 Zoll, von denen mehrere lose waren oder unbedeutend über das allgemeine Niveau vorsprangen.

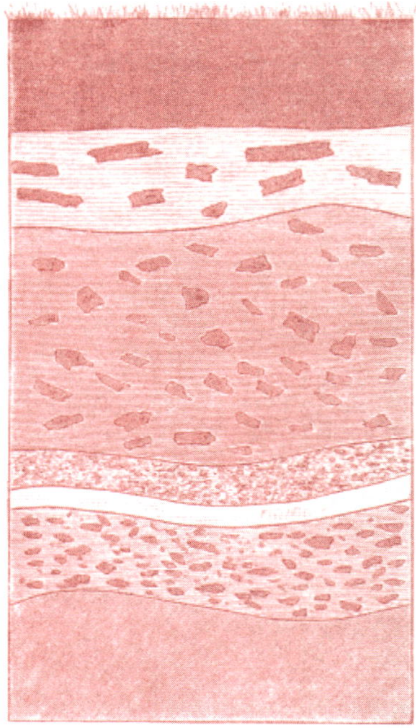

Fig. 12. Durchschnitt im Mittelpunkt der Basilika in Silchester.

Unter den sämtlichen losen Täfelchen fanden sich eine oder gelegentlich zwei offene Wurmröhren.

Würmer hatten auch die alten Mauern dieser Ruinen durchbohrt. Es wurde eine Mauer, welche gerade der Ansicht freigelegt worden war während damals die Ausgrabungen im Gange waren, genauer untersucht; sie war aus großen Feuersteinen aufgebaut und hatte eine Dicke von 18 Zoll. Sie erschien wohl erhalten; als aber unter ihr der Boden entfernt wurde, stellte sich heraus, dass der Mörtel so stark zersetzt war, dass die Feuersteine durch ihr eigenes Gewicht auseinanderfielen. Hier, in der Mitte der Mauer, in einer Tiefe von 29 Zoll unter dem alten Fußboden und 49 ½ Zoll unter der Oberfläche des Felds, wurde ein lebender Wurm gefunden, auch war der Mörtel von mehreren Röhren durchbohrt.

Eine zweite Mauer wurde zum ersten Mal freigelegt, und auf ihrem abgebrochenen Gipfel war eine offene Wurmröhre zu sehen. Durch Auseinandernehmen der Feuersteine wurde dieser Gang weit hinab in das Innere der Mauer verfolgt; da aber einige der Feuersteine fest zusammenhingen, wurde die ganze Masse beim Niederlegen der Mauer durcheinandergeworfen, sodass der Gang nicht bis auf den Grund verfolgt werden konnte. Die Fundamente einer dritten Mauer, welche ganz wohl erhalten zu sein schienen, lagen in einer Tiefe von 4 Fuß unterhalb eines der Fußböden und natürlicherweise in einer noch beträchtlich größeren Tiefe unter dem Niveau des Bodens. Ein großer Feuerstein wurde aus der Mauer ungefähr einen Fuß von seiner Basis aus herausgearbeitet; dies erforderte bedeutende Gewalt, da der Mörtel gesund war; aber hinter dem Feuerstein in der Mitte der Mauer war der Mörtel zerreibbar, und hier waren Wurmgänge vorhanden. Mr. Joyce und meine Söhne waren von der schwarzen Farbe des Mörtels in diesem und in mehreren anderen Fällen und über das Vorhandensein von Ackererde im Inneren der Mauern überrascht. Etwas davon dürfte von den alten Bauleuten anstatt Mörtels dahin gebracht worden sein; wir müssen uns aber erinnern, dass Würmer ihre Gänge mit schwarzem Humus auskleiden. Außerdem werden beinahe mit Sicherheit gelegentlich offene Räume zwischen den großen unregelmäßigen Feuersteinen freigelassen worden sein; und wir können sicher sein, dass diese Räume von den Regenwürmern mit ihren Exkrementmassen erfüllt worden sind, sobald nur dieselben imstande waren, die Mauer zu durchbohren. Auch wird das Regenwasser, welches in den Wurmgängen hinabsickert, feine dunkel gefärbte Teilchen in jede kleinste Spalte hinabführen. Mr. Joyce war anfangs sehr skeptisch in Bezug auf die Größe der Arbeit, welche ich den Würmern zuschrieb; seine Aufzeichnungen in Bezug auf die zuletzt erwähnte Mauer schließt er aber mit der Bemerkung: »Dieser Fall verursachte mir eine größere Überraschung und überzeugte mich mehr als irgendein anderer. Ich würde erklärt haben und hatte erklärt, dass es völlig unmöglich sei, dass eine derartige Mauer von Regenwürmern hätte durchbohrt werden können.«

In beinahe den sämtlichen Räumen war das Pflaster beträchtlich eingesunken, besonders nach der Mitte zu; und dies ist in den folgenden Durchschnittszeichnungen dargestellt. Die Messungen wurden so angestellt, dass ein Faden fest und horizontal über den Fußboden gespannt wurde. Der Durchschnitt, Fig. 13, wurde von Norden nach Süden quer über einen 18 Fuß 4 Zoll in der Länge messenden Raum mit einem nahezu vollkommen erhaltenen Pflaster, zunächst an der »Red Wooden Hut« gelegen, aufgezeichnet. In der nördlichen Hälfte betrug die Senkung bis 5 ¾ Zoll unter das Niveau des Fußbodens, wo er jetzt dicht an den Mauern steht; sie war in der nördlichen Hälfte größer als in der südlichen Hälfte; wie aber Mr. Joyce angibt, ist das ganze Pflaster offenbar gesunken. An mehreren Stellen sah es so aus, als wären die Pflastertafeln ein wenig von den Mauern fortgezogen, während sie an anderen Stellen noch mit ihnen in Berührung waren.

Fig. 13. Durchschnitt durch den eingesunkenen, mit Platten gepflasterten Fußboden eines Raums in Silchester.

In Fig. 14 sehen wir einen Durchschnitt quer durch den getäfelten Fußboden des südlichen Korridors oder Ambulatoriums eines viereckigen Platzes in einer in der Nähe von »The Spring« ausgeführten Ausgrabung. Der Fußboden ist 7 Fuß 9 Zoll breit, und die abgebrochenen Mauern springen gegenwärtig nur ¾ Zoll über sein Niveau vor. Das Feld, welches als Weide gehalten wurde, fiel hier etwas von Nord nach Süd ab, unter einem Winkel von 3° 40'. Die Beschaffenheit des Bodens auf jeder Seite des Korridors ist auf dem Durchschnitt dargestellt. Er bestand aus Erde voller Steine und anderen Abfällen und war mit dunkler vegetabilischer Ackererde bedeckt, welche auf der unteren oder südlichen Seite eine dickere Schicht bildete als auf der nördlichen Seite. Das Pflaster war Linien entlang, welche mit den südlichen Mauern parallel liefen, nahezu eben, war aber in der Mitte nicht weniger als 7 ¾ Zoll eingesunken.

Ein kleiner Raum in keiner großen Entfernung von dem in Fig. 13 dargestellten, war von dem römischen Bewohner auf der südlichen Seite durch Hinzufügung von 5 Fuß 4 Zoll zu seiner Breite vergrößert worden. Zu diesem Zweck war die südliche Mauer des Hauses niedergerissen worden; aber die Fundamente der alten Mauer waren in einer geringen Tiefe unterhalb des getäfelten Fußbodens des vergrößerten Raumes liegen gelassen worden. Mr. Joyce war der Ansicht, dass diese

Fig. 14. Ein von Nord nach Süd gerichteter Durchschnitt durch den gesunkenen Fußboden eines Korridors, mit Platten gepflastert. Nach außen von den abgebrochenen Seitenmauern ist der ausgegrabene Grund auf jeder Seite für eine kurze Strecke zu sehen. Beschaffenheit des Bodens unter dem getäfelten Pflaster unbekannt. Silchester. Maßstab 1/36.

vergrabene Mauer vor der Regierung Claudius II., welcher 270 n. Chr. starb, errichtet worden sein muss. Wir sehen in dem vorstehenden Durchschnitt, Fig. 15, dass der getäfelte Fußboden oberhalb der vergrabenen Mauer in einem geringeren Grade eingesunken ist als anderswo, sodass sich eine unbedeutende Konvexität oder Erhöhung in einer geraden Linie quer durch den Raum hin erstreckte. Dies gab die Veranlassung dazu, dass ein Loch gegraben wurde, und dadurch wurde die eingegrabene Mauer entdeckt.

Wir sehen aus diesen drei Durchschnitten, wie in mehreren anderen hier nicht mitgeteilten, dass die alten Pflaster sich beträchtlich gesenkt oder gesackt haben. Mr. Joyce schrieb dieses Sinken früher allein dem langsamen Sichsetzen des Bodens zu. Dass der Boden sich etwas gesetzt hat, ist in hohem Grad wahrscheinlich, und man kann auf dem Durchschnitt Fig. 15 sehen, dass das Pflaster in einer Breite von 5 Fuß über der südlichen Vergrößerung des Raumes, welches auf frischem Boden gebaut worden sein muss, ein wenig mehr gesunken ist

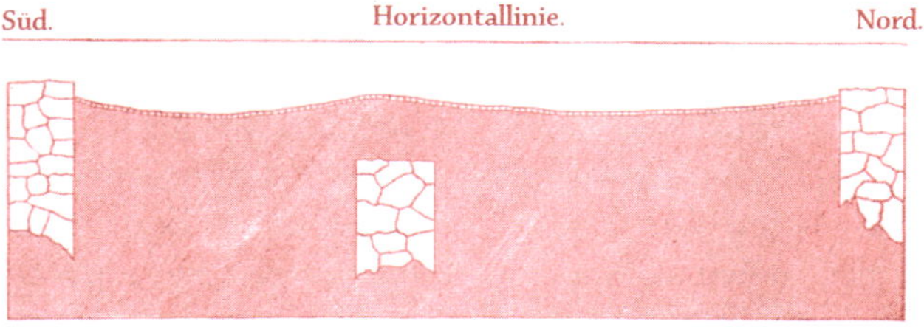

Fig. 15. Durchschnitt durch den eingesunkenen, mit getäfeltem Pflaster versehenen Fußboden und die abgebrochenen Seitenmauern eines Raumes in Silchester, welcher früher einmal erweitert worden war, während die Fundamente der alten Mauern vergraben gelassen wurden, Maßstab $^1/_{40}$.

als auf der alten nördlichen Seite. Diese Senkung kann aber auch möglicherweise keinen Zusammenhang mit der Vergrößerung des Raumes gehabt haben; denn in Fig. 13 ist die eine Hälfte der Täfelung mehr gesunken als die andere Hälfte, und zwar ohne irgendeine nachweisbare Ursache. In einem mit Ziegelsteinen gepflasterten Gang an Mr. Joyces eigenem Haus, welcher nun vor ungefähr sechs Jahren gepflastert worden ist, ist die nämliche Art von Senkung eingetreten wie in den antiken Bauwerken. Nichtsdestoweniger scheint es doch nicht wahrscheinlich zu sein, dass der ganze Betrag an Senkung hieraus erklärt werden kann. Die römischen Bauleute gruben den Grund zur Fundamentierung ihrer Mauern, welche dick und solid waren, bis zu einer ungewöhnlichen Tiefe aus; es ist daher kaum wahrscheinlich, dass sie in Bezug auf die Solidität der Schicht, auf welche ihre getäfelten und häufig verzierten Pflaster gelegt wurden, sorglos oder nachlässig gewesen sein sollten. Wie es mir scheint, muss die Senkung zum hauptsächlichsten Teil dem zugeschrieben werden, dass die Pflaster von Würmern, welche, wie wir wissen, noch immer bei der Arbeit sind, unterminiert worden sind. Selbst Mr. Joyce gab zuletzt zu, dass dies eine beträchtliche Wirkung hervorgebracht haben müsse. In dieser Weise kann auch die größte Menge feiner Ackererde, welche über dem getäfelten Fußboden liegt, erklärt werden, deren Vorhandensein im anderen Fall unerklärlich sein würde. Meine Söhne machten die Bemerkung, dass in einem Raum, in welchem die Pflasterung sich nur sehr wenig gesenkt hatte, eine ungewöhnlich geringe Menge von Ackererde darüberliege.

Da die Fundamente der Mauern meistens in einer beträchtlichen Tiefe liegen, werden sie entweder gar nicht infolge der unterminierenden Tätigkeit der Würmer gesunken sein oder sie werden sich viel weniger als der Fußboden gesenkt haben. Dies letztere Resultat würde die Folge davon sein, dass Würmer nicht häufig tief hinab unter die Fundamente arbeiten, aber ganz besonders noch davon, dass die Mauern nicht nachgeben oder zusammenfallen, wenn sie von Würmern durchbohrt werden, während die hintereinander gebohrten Gänge in einer Masse von Erde, welche einer der Mauern an Tiefe und Dicke gleich käme, seit der Zeit, wo die Ruinen verlassen worden sind, viele Male zusammengefallen wären und die Erde selbst infolgedessen zusammengeschrumpft oder gesunken wäre. Da die Mauern nicht viel oder überhaupt gar nicht gesunken sein können, so wird das unmittelbar daran stoßende Pflaster, weil es an ihnen fest anhing, am Sinken gehindert worden sein; und hiernach ist die gegenwärtige Krümmung des Pflasters verständlich.

Der Umstand, welcher mich in Bezug auf Silchester am meisten überrascht hat, ist, dass während der vielen Jahrhunderte, welche verflossen sind, seitdem die alten Bauwerke verlassen worden sind, die vegetabilische

Ackererde über ihnen sich nicht zu einer größeren Mächtigkeit angehäuft hat, als sie gegenwärtig hier beobachtet wird. An den meisten Stellen hat sie nur eine Dicke von ungefähr 9 Zoll, an einigen Plätzen aber von 12 oder selbst noch mehr Zoll. In Fig. 11 ist die Mächtigkeit dieser Schicht zu 20 Zoll angegeben; es wurde aber dieser Durchschnitt von Mr. Joyce gezeichnet, ehe seine Aufmerksamkeit besonders auf diesen Punkt gelenkt worden war. Das innerhalb der alten Mauern eingefasste Land wird beschrieben als unbedeutend nach Süden hin sich senkend; es sind aber Stellen vorhanden, welche nach der Angabe von Mr. Joyce nahezu eben sind, und es scheint, als sei hier die Schicht Humus dicker als an anderen Stellen. An anderen Stellen fällt die Oberfläche sanft von West nach Ost, und Mr. Joyce beschreibt einen Fußboden, welcher am westlichen Ende mit Schutt und Ackererde bis zu einer Dicke von 28½ Zoll und am östlichen Ende bis zu einer Dicke von 11½ Zoll bedeckt war. Eine sehr geringe Neigung reicht hin es zu verursachen, dass frisch ausgeworfene Exkremente während heftigen Regens nach unten gewaschen werden, und in dieser Weise wird viel Erde schließlich die benachbarten Rillen und Bäche erreichen und fortgeführt werden. Durch Berücksichtigung dieser Momente wird, wie ich meine, das Fehlen sehr dicker Schichten von Humus über diesen antiken Ruinen zu erklären sein. Außerdem ist der größte Teil des Landes hier seit langer Zeit gepflügt worden, und dies dürfte das Fortwaschen der feineren Erde während des Regenwetters bedeutend unterstützen.

Die Natur der Schichten unmittelbar unterhalb der Ackererde in einigen dieser Durchschnitte ist ziemlich verwirrend. Wir sehen beispielsweise in dem Durchschnitt einer Ausgrabung in einer Wiese (Fig. 14), welche von Norden nach Süden hin unter einer Neigung von 3° 40' abfiel, dass die Ackererde an der oberen Seite eine Schicht von nur 6 Zoll Dicke und an der unteren Seite eine Schicht von 9 Zoll Dicke bildet. Diese Humusschicht liegt aber auf einer Masse (auf der oberen Seite von 25½ Zoll Mächtigkeit) von »dunkelbrauner Ackererde«, wie es Mr. Joyce beschreibt, »dicht untermischt mit kleinen Geschiebsteinen und Ziegelstückchen, welche ein korrodiertes oder abgeriebenes Ansehen darbieten«. Der Zustand dieser dunkel gefärbten Erde ist dem eines Feldes gleich, welches lange gepflügt worden ist; denn es wird die Erde dadurch mit Steinen und Bruchstücken aller Arten untermengt, welche dem Wetter bedeutend ausgesetzt gewesen sind. Wenn während des Verlaufs vieler Jahrhunderte diese Wiese und die anderen gegenwärtig kultivierten Felder zu einzelnen Zeiten gepflügt, zu anderen Zeiten als Weideland liegen gelassen worden sind, dann wird die Natur des Bodens in dem oben erwähnten Durchschnitt verständlich. Denn Würmer werden beständig feine Erde von unterhalb heraufgeschafft haben, welche von dem Pflug aufgerührt worden sein wird, so oft nur immer das Land kultiviert wurde. Nach einer gewissen Zeit wird aber eine Schicht feiner Erde von einer größeren Dicke aufgehäuft worden sein, als vom Pflug durchfurcht werden konnte; es wird sich daher dann eine Schicht gleich der 25½ Zoll dicken Masse in Fig. 14 unterhalb der oberflächlichen Ackererde gebildet haben, welche letztere innerhalb neuerer Zeit von den Regenwürmern an die Oberfläche gebracht und ordentlich durchgesiebt worden sein wird.

Wroxeter, Shropshire. | Die alte römische Stadt Uriconium wurde in den ersten Jahren des zweiten Jahrhunderts, wenn nicht schon vor dieser Zeit, gegründet; nach der Angabe von Mr. Wright wurde sie wahrscheinlich zwischen der Mitte des vierten und fünften Jahrhunderts zerstört. Die Einwohner wurden niedergemetzelt, und Frauenskelette sind in den Herdräumen (den Hypokausten) gefunden worden. Vor dem Jahre 1859 war der einzige Überrest der Stadt über der Erde ein Stück einer massiven Mauer von ungefähr 20 Fuß Höhe. Das ringsherum liegende Land ist unbedeutend wellenförmig und hat schon lange in Kultur gestanden. Man hat die Beobachtung gemacht, dass das Korn auf gewissen schmalen Zügen frühzeitig oder vorschnell reif wird und dass der Schnee an manchen Stellen ohne zu schmelzen länger liegen bleibt als an anderen. Diese Erscheinungen führten, wie mir mitgeteilt wurde, dazu, dass umfassende Ausgrabungen unternommen wurden. Die Fundamente vieler großer Gebäude und mehrerer Straßen sind dadurch freigelegt worden. Der innerhalb der alten Mauern enthaltene Raum ist ein unregelmäßiges Oval von ungefähr 1¾ Meilen Länge. Viele von den bei Aufführung der Gebäude benutzten Steinen oder Ziegeln müssen fortgeschafft worden sein; aber die Hypokausten, Bäder und andere unterirdische Baulichkeiten wurden in einem erträglich vollkommenen Zustand gefunden, indem sie mit Steinen, zerbrochenen Ziegeln, Schutt und Erde angefüllt worden waren. Die alten Fußböden verschiedener Räumlichkeiten waren mit Schutt bedeckt. Da mir viel daran lag, zu erfahren, wie dick die Decke von Ackererde und Schutt war, welche so lange Zeit diese Ruinen bedeckt hatte, wandte ich mich an Dr. H. Johnson, welcher die Oberaufsicht über die Ausgrabungen gehabt hatte; mit der größten Liebenswürdigkeit besuchte er zweimal den Ort, um ihn in Beziehung auf meine Fragen zu untersuchen und ließ noch viele Gräben auf vier Feldern graben, welche bis dahin ungestört geblieben waren. Die Resultate seiner Beobachtungen sind in der folgenden Tabelle mitgeteilt. Er schickte mir auch Proben der Ackererde und beantwortete, soweit es ihm möglich war, meine sämtlichen Fragen.

Messungen der auf den römischen Ruinen in Wroxeter liegenden Schicht von Ackererde, angestellt von Dr. H. Johnson.
Gräben in einem »Old Works« genannten Feld gegraben.

	Dicke der Humusschicht in Zoll
1. In einer Tiefe von 36 Zoll wurde der nicht aufgestörte Sand erreicht	20
2. In einer Tiefe von 33 Zoll wurde Zement erreicht	21
3. In einer Tiefe von 9 Zoll wurde Zement erreicht	9

Gräben in einem »Shop Leasows« genannten Feld gegraben; dies ist das höchstgelegene Feld innerhalb der alten Mauern und fällt von einem nicht ganz im Mittelpunkt gelegenen Punkt nach allen Seiten unter einem Winkel von ungefähr 2°.

	Dicke der Humusschicht in Zoll
4. Gipfel des Feldes, Graben 45 Zoll tief	40
5. Dicht am Gipfel des Feldes, Graben 36 Zoll tief	26
6. Dicht am Gipfel des Feldes, Graben 28 Zoll tief	28
7. In der Nähe des Gipfels des Feldes, Graben 36 Zoll tief	24
8. In der Nähe des Gipfels des Feldes, Graben an einem Ende 39 Zoll tief; die Humusschicht ging hier allmählich in den darunterliegenden Sand aus, ihre Dicke ist etwas arbiträr angenommen. Am anderen Ende des Grabens wurde in der Tiefe von nur 7 Zoll eine Straße angetroffen, und hier war die Humusschicht nur 7 Zoll dick	24

9. Graben dicht am letzterwähnten, 28 Zoll tief	15
10. Unterer Teil desselben Feldes, Graben 30 Zoll tief	15
11. Unterer Teil desselben Feldes, Graben 31 Zoll tief	17
12. Unterer Teil desselben Feldes, Graben 36 Zoll tief, in welcher Tiefe der unberührte Sand erreicht wurde	28
13. In einem anderen Teil desselben Feldes, Graben 9 ½ Zoll tief, auf Zement stoßend	9½
14. In einem anderen Teil desselben Feldes, Graben 9 Zoll tief, auf Zement stoßend	9
15. In einem anderen Teil desselben Feldes, Graben 24 Zoll tief, wo Sand erreicht wurde	16
16. In einem anderen Teil desselben Feldes, Graben 30 Zoll tief, wo Steine erreicht wurden; an einem Ende des Grabens war die Humusschicht 12 Zoll, am anderen Ende 14 Zoll dick	13

Kleines Feld zwischen »Old Works« und »Shop Leasows«, ich glaube nahezu ebenso hoch wie der obere Teil des letztgenannten Feldes.	
	Dicke der Humusschicht in Zoll
17. Graben 26 Zoll tief	24
18. Graben 10 Zoll tief, wo man auf eine Straße stieß	10
19. Graben 34 Zoll tief, wo man auf eine Straße stieß	30
20. Graben 31 Zoll tief wo man auf eine Straße stieß	31

Feld auf der westlichen Seite des innerhalb der alten Mauern umschlossenen Raumes.	
	Dicke der Humusschicht in Zoll
21. Graben 28 Zoll tief, wo unaufgerührter Sand erreicht wurde	16
22. Graben 29 Zoll tief, wo unaufgerührter Sand erreicht wurde	15
23. Graben 14 Zoll tief, wo man auf ein Bauwerk stieß	14

Dr. Johnson unterschied mit der Bezeichnung »Ackererde« diejenige Erde, welche mehr oder weniger plötzlich durch ihre dunkle Färbung und ihre Textur von dem darunterliegenden Sand oder Schutt abwich. In den mir geschickten Proben war diese Ackererde derjenigen ähnlich, welche auf altem Weideland unmittelbar unter dem Rasen liegt, ausgenommen, dass sie häufig kleine Steine enthielt, zu groß, um durch die Körper der Regenwürmer durchgehen zu können. Die oben beschriebenen Gräben waren aber auf Feldern gegraben, von denen keines als Weide liegen gelassen war, sondern welche sämtlich lange unter Kultur waren. Wenn wir uns der in Bezug auf Silchester gemachten Bemerkungen über die Wirkungen lange fortdauernder Kultur in Verbindung mit der Tätigkeit der Regenwürmer, die feineren Teilchen an die Oberfläche zu bringen, erinnern, so scheint die Ackererde, wie sie Dr. Johnson so bezeichnet hat, diesen Namen ziemlich gut zu verdienen. Ihre Mächtigkeit betrug da, wo keine Straße, kein Fußboden oder keine Mauer darunter war, mehr als irgendwo anders beobachtet worden ist, nämlich an vielen Stellen über 2 Fuß und an einer Stelle über 3 Fuß. Die Ackererde war am dicksten auf und dicht an dem nahezu ebenen Gipfel des »Shop Leasows« genannten Feldes und auf einem kleinen daranstoßenden Feld, welches wie ich meine, von nahezu derselben Höhe war. Eine Seite des erstgenannten Feldes neigte sich unter einem Winkel von etwas mehr als 2°, und ich würde erwartet haben, dass die Humusschicht, weil sie während starken Regens hinabgewaschen sein würde, auf dem unteren Teil dicker sein würde als auf dem oberen; aber in zwei Gräben unter den drei hier gegrabenen war dies nicht der Fall.

An vielen Stellen, wo Straßen darunterhinliefen oder wo alte Gebäude standen, hatte die Humusschicht eine Mächtigkeit von nur 8 Zoll, und Dr. Johnson war von dem Umstand überrascht, dass beim Pflügen des Landes die Ruinen niemals, so viel er gehört hatte, vom Pflug getroffen worden waren. Er meint, dass, als das Land zuerst kultiviert wurde, die alten Mauern vielleicht unabsichtlich niedergerissen und dass hohle Stellen damit ausgefüllt wurden. Dies mag wohl der Fall gewesen sein; wenn aber nach dem Verlassen der Stadt das Land viele Jahrhunderte lang unkultiviert liegen gelassen wurde, so würden Regenwürmer hinreichend viel feine Erde heraufgeschafft haben, um die Ruinen vollständig zu bedecken, das heißt, wenn sie sich gesenkt haben, weil sie unterminiert worden waren. Die Fundamente einiger der Mauern, beispielsweise diejenigen des Mauerteils, welcher noch gegenwärtig 20 Fuß über der Oberfläche hoch ist, und diejenigen des Marktplatzes liegen in der außerordentlichen Tiefe von 14 Fuß; es ist aber in hohem Grad unwahrscheinlich, dass die Fundamente allgemein so tief waren. Der bei den Bauten verwendete Mörtel muss ausgezeichnet gewesen sein, denn er ist noch jetzt stellenweise äußerst hart. Wo nur immer Mauern irgendwelcher Höhe der Betrachtung bloßgelegt sind, da sind sie, wie Dr. Johnson meint, noch immer senkrecht. Die Mauern mit solch tiefen Fundamenten können nicht von Regenwürmern unterminiert worden sein, wie es doch augenscheinlich in Abinger und Silchester eingetreten ist. Dass sie nun gegenwärtig vollständig mit Erde bedeckt sind, ist sehr schwer zu erklären; wie viel aber von der auf ihnen liegenden Decke aus vegetabilischer Ackererde und wie viel aus Schutt besteht, weiß ich nicht. Der Marktplatz, dessen Fundamente in einer Tiefe von 14 Fuß liegen, war, wie Dr. Johnson meint, von einer Schicht Erde von zwischen 6 und 24 Zoll bedeckt. Die Gipfel der niedergebrochenen Mauern eines Caldarium oder Baderaumes, welche 9 Fuß tief waren, waren gleichfalls mit nahezu 2 Fuß Erde bedeckt. Der Gipfel eines in eine Aschengrube von 7 Fuß Tiefe führenden Bogens war mit nicht mehr als 8 Zoll Erde bedeckt. Wo nur immer ein Bauwerk, welches nicht eingesunken ist, mit Erde bedeckt ist, müssen wir entweder annehmen, dass die oberen Steinlagen zu irgendeiner Zeit einmal von den Menschen weggeschafft worden sind oder dass seit der Zeit Erde von dem daranstoßenden Land während heftiger Regen herabgewaschen oder während starker Stürme herabgeweht worden ist; dies dürfte besonders gern da eintreten, wo das Land schon lange kultiviert worden ist. In den oben angeführten Fällen ist das anstoßende Land etwas höher als die drei speziell bezeichneten Grundstücke, soweit ich es nach Karten und nach den mir von Dr. Johnson gegebenen Mitteilungen beurteilen kann. Wenn indessen ein großer Haufen zerbrochener Steine, Mörtel, Gips, Bauholz und Asche über die Reste irgendeines Bauwerks gefallen sind, so würde dessen Zerfall im Verlauf der Zeit und die durchsiebende Arbeit der Würmer schließlich das Ganze unter feiner Erde verbergen.

Schluss. | Die in diesem Kapitel angeführten Fälle zeigen, dass die Regenwürmer beim Begraben und Verbergen mehrerer römischer und anderer alter Bauwerke in England eine ansehnliche Rolle gespielt haben; ohne Zweifel haben aber das Herabwaschen von Erde von den benachbarten höheren Grundstücken und die Ablagerung von Staub bei der Arbeit des Verbergens bedeutend geholfen. Staub wird sich gern da anhäufen, wo nur immer alte, niedergebrochene Mauern ein wenig über die da gerade existierende Oberfläche vorgesprungen sind und damit einen Schutz dargeboten haben. Die Fußböden der alten Räume, Hallen und Gänge sind meistens gesunken, zum Teil infolge des sich Setzens des Bodens, aber hauptsächlich weil sie von Regenwürmern unterminiert wurden; dieses Einsinken ist gewöhnlich in der Mitte beträchtlicher gewesen als in der Nähe der Mauern. Die Mauern selbst sind, wo nur ihre Fundamente nicht in einer sehr großen Tiefe liegen, von Würmern durchbohrt und unterminiert worden. Das hierdurch verursachte ungleiche Sinken erklärt wahrscheinlich die großen Sprünge, welche in vielen alten Mauern zu sehen sind, ebenso wie ihre Neigung aus der Senkrechten.

Fünftes Kapitel.

Die Tätigkeit der Würmer bei der Abtragung des Landes.

Beweise für die Größe der Abtragung, welche das Land erlitten hat. | Abtragung des der Luft ausgesetzten Landes. | Ablagerung von Staub. | Der Humus, seine dunkle Farbe und sein feines Gefüge zum großen Teil Folge der Tätigkeit der Würmer. | Die Zersetzung der Gesteine durch Humussäuren. | Ähnliche Säuren augenscheinlich innerhalb der Körper der Würmer erzeugt. | Die Wirkung dieser Säuren durch die beständige Bewegung der Erdteilchen erleichtert. | Eine dicke Schicht von Humus hält die Zersetzung des darunterliegenden Bodens und der Gesteine auf. | Stückchen von Steinen in den Muskelmägen der Würmer abgerieben oder zerkleinert. | Verschluckte Steine dienen als Mühlsteine. | Der geglättete Zustand der Exkremente. | Bruchstücke von Ziegeln in den Exkrementen über alten Bauwerken gut abgerundet. | Die zerkleinernde Kraft der Würmer von einem geologischen Standpunkt aus nicht ganz unbedeutend.

Niemand zweifelt daran, dass unsere Erde früher einmal aus kristallinischen Gesteinen bestand und dass wir unsere Sedimentär-Formationen der Zersetzung derselben durch die Einwirkung der Luft, des Wassers, der Temperaturveränderungen, der Flüsse, der Meereswellen, der Erdbeben und vulkanischer Ausbrüche verdanken. Dieselben sind dann, nachdem sie fest geworden und zuweilen wieder kristallisiert waren, häufig wiederum zersetzt worden. Denudation oder Entblößung oder Abtragung bedeutet die Entfernung solcher zersetzter Substanz auf ein niedrigeres Niveau. Von den vielen auffallenden Resultaten, die wir den modernen Fortschritten der Geologie verdanken, sind kaum irgendwelche so auffallend wie diejenigen, welche sich auf die Denudation beziehen. Man sah schon vor langer Zeit ein, dass eine Abtragung in ungeheurem Maß stattgefunden haben muss; aber solange die aufeinanderfolgenden Formationen nicht sorgfältig in Karten eingetragen und gemessen worden waren, konnte niemand vollständig realisieren, wie groß der Betrag eigentlich war. Eine der ersten und merkwürdigsten Abhandlungen, die je über den Gegenstand veröffentlicht worden sind, war die von Ramsay,[56] welcher im Jahre 1846 nachwies, dass in Wales von 9.000 bis 11.000 Fuß dicke Masse soliden Gesteins über große Landstrecken hin entfernt worden sind. Vielleicht den deutlichsten Beweis von großer Abtragung bieten die Faults oder Verwerfungen dar, welche sich viele Meilen weit quer über gewisse Bezirke hin erstrecken und an welchen die Schichten auf der einen Seite sich selbst bis zu zehntausend Fuß über die entsprechenden Schichten auf der entgegengesetzten Seite erhoben hatten, während doch keine Spur dieser riesenhaften Lagenveränderung an der Oberfläche des Landes mehr sichtbar ist. Eine große Masse von Gestein ist auf der einen Seite niedergeebnet worden, ohne dass auch nur ein Rest geblieben wäre.

Bis auf die letzten zwanzig oder dreißig Jahre glaubten die meisten Geologen, dass die Meereswellen die bei der

56 On the denudation of South Wales etc. in: Memoirs of the Geolog. Survey of Great Britain, Vol. 1. 1846. S. 297.

Arbeit der Abtragung hauptsächlichsten Kräfte wären; wir können uns aber überzeugt halten, dass Luft und Regen, unterstützt von Strömen und Flüssen, viel wirksamere Kräfte sind, d. h. wenn wir die ganze Fläche des Landes in Betracht ziehen. Die langen Böschungslinien, welche sich quer durch verschiedene Teile von England durchziehen, wurden früher ganz unbezweifelt für alte Küstenlinien gehalten; wir wissen aber jetzt, dass sie nur deshalb über die allgemeine Fläche emporragen, weil sie der Luft, dem Regen und dem Frost besser widerstanden haben, als die danebenliegenden Formationen. Es ist selten einem Geologen das Glück widerfahren, seine Mitarbeiter durch eine einzige Abhandlung über einen strittigen Punkt wissenschaftlich zu überzeugen; aber Mr. Whitaker von der geologischen Landesaufnahme in England war so glücklich, als er im Jahr 1867 seinen Aufsatz veröffentlichte: »On sub-aerial Denudation and on Cliffs and Escarpments of the Chalk«[57]. Ehe dieser Aufsatz erschienen war, hatte Mr. A. Tylor sehr wichtige Belege für die an der Luft vor sich gehende Abtragung beigebracht, indem er zeigte, dass die Menge der von Flüssen herabgeführten Masse unfehlbar das Niveau ihrer Entwässerungsbecken in keinem gar zu großen Zeitraum um viele Fuß erniedrigen müsse. Diese Beweisführung ist in der interessantesten Weise von Archibald Geikie, Croll und anderen in einer Reihe schätzbarer Abhandlungen fortgeführt worden.[58] Im Interesse derjenigen, welche

57 Geological Magazine, Oct. and Novbr., 1867. Vol. 4. S. 447 und 483. Zahlreiche sich auf den Gegenstand beziehende Verweise sind in dem merkwürdigen Aufsatz mitgeteilt.

58 A. Tylor, On Changes of the Sea-level etc., in: Philosoph. Magazine, 4. Ser. Vol. 5. 1853. S. 258. Archibald Geikie in: Transactions of the Geolog. Soc. Glasgow, Vol. 3. S. 153 (gelesen im März 1868).

diesem Gegenstand nie Aufmerksamkeit geschenkt haben, soll hier ein einziges Beispiel angeführt werden, nämlich das des Mississippi, welcher deshalb gewählt wird, weil die Menge des von diesem großen Fluss hinabgeführten Sediments auf Befehl der Regierung der Vereinigten Staaten mit besonderer Sorgfalt untersucht worden ist. Das Resultat ist, wie Mr. Croll zeigt, dass das mittlere Niveau seines enormen Entwässerungsgebiets jährlich um 1/4566 Fuß erniedrigt werden muss, oder um einen Fuß in 4.566 Jahren. Nimmt man nun die beste Schätzung der mittleren Höhe des nordamerikanischen Festlandes, nämlich 748 Fuß, und wirft einen Blick in die Zukunft, so wird das ganze große Mississippibecken »in weniger als 4.500.000 Jahren hinweggewaschen und auf das Meeresniveau heruntergebracht worden sein, wenn keine Erhebung des Lands stattfindet«. Manche Flüsse führen im Verhältnis zu ihrer Größe viel mehr Sediment herab und manche viel weniger als der Mississippi.

Zerkleinerte Massen werden vom Wind ebenso gut wie von fließendem Wasser fortgeschafft. Während vulkanischer Ausbrüche wird viel Gestein zerkleinert und dadurch weit verbreitet; und in allen trockenen Ländern spielt der Wind bei der Entfernung derartiger Massen eine bedeutungsvolle Rolle. Vom Wind fortgetriebener Sand reibt auch die härtesten Gesteine nieder. Ich

Croll, On Geological Time, in: Philosoph. Magaz., May, Aug. and Novbr. 1868. S. auch Croll, Climate and Time, 1875. Chapt. XX. In Bezug auf neuere Mitteilungen über die Menge des von Flüssen herabgebrachten Sediments s. Nature, Vol. 22. S. 486. Mr. T. Mellard Reade hat einige interessante Artikel über die erstaunliche Menge von Substanzen veröffentlicht, welche von Flüssen in Lösung herabgeführt wird. S. Address Geolog. Soc. Liverpool, 1876–77.

habe gezeigt,[59] dass während vier Monaten des Jahres eine große Menge Staub von den nordwestlichen Ufern Afrikas durch den Wind fortgeweht wird und auf dem Atlantischen Ozean über einen Raum von 1.600 Meilen in der Breite und in einer Entfernung von 300 bis 600 Meilen von der Küste niederfällt. Man hat aber gesehen, dass Staub in einer Entfernung von 1.030 Meilen von den Ufern von Afrika niederfällt. Während eines Aufenthalts von drei Wochen in St. Jago in dem kapverdischen Archipel war die Atmosphäre beinahe immer dunstig, und äußerst feiner, von Afrika herüberkommender Staub fiel beständig nieder. In einer Probe dieses Staubes, welcher auf dem offenen Ozean in einer Entfernung von zwischen 330 und 380 Meilen von der afrikanischen Küste fiel, fanden sich viele Steinbruchstückchen von ungefähr 1/1000 Zoll im Geviert. Näher nach der Küste hin wurde beobachtet, dass das Wasser durch den fallenden Staub so stark missfarbig wurde, dass ein darüberhinsegelndes Schiff eine Spur hinter sich ließ. In Ländern wie dem kapverdischen Archipel, wo es selten regnet und es keine Fröste gibt, werden die soliden Gesteine trotzdem zersetzt; in Übereinstimmung mit den vor Kurzem von einem ausgezeichneten belgischen Geologen, De Koninck, entwickelten Ansichten kann eine derartige Zersetzung zum hauptsächlichsten Teil der Wirkung der Kohlen- und Salpetersäure in Verbindung mit dem salpetersauren und salpeterigsauren Ammoniak, welche im Tau gelöst enthalten sind, zugeschrieben werden.

59 Beschreibung des feinen Staubes, welcher oft auf Schiffe im Atlantischen Ozean fällt. in: Proc. Geolog. Soc. London, June 4, 1845. (Quart. Journ. Geol. Soc. London, Vol. 2. 1846. S. 26.) Übersetzt in: Kleinere Geolog. Abhandl. Gesamm. Werke, 12. Bd. 2. Abt.), S. 99.

In allen feuchten, selbst mäßig feuchten Ländern helfen die Regenwürmer bei der Arbeit der Abtragung auf verschiedenen Wegen. Die vegetabilische Ackererde, welche wie ein Mantel die Oberfläche des Landes bedeckt, ist viele Male durch deren Körper durchgegangen. Der Humus weicht von dem Untergrund und im Aussehen durch seine dunkle Färbung und darin ab, dass in ihm Bruchstücke oder Partikelchen von Gestein (wenn dergleichen in dem Untergrund vorhanden sind) von einer bedeutenderen Größe, als diejenigen haben, welche durch den Verdauungskanal eines Wurms hindurchgehen können, in ihm fehlen. Dieses Durchsieben des Bodens wird, wie bereits bemerkt worden ist, von grabenden Tieren vieler Arten, besonders Ameisen, unterstützt. In Ländern, wo der Sommer lang und trocken ist, muss auch der an geschützten Stellen sich findende Humus bedeutend durch den von anderen und exponierteren Stellen herbeigeblasenen Staub vermehrt werden. So ist beispielsweise die Menge von Staub, welche zuweilen über die Ebenen von La Plata, wo es keine soliden Gesteine gibt, geweht wird, so groß, dass während des »Gran Seco« (der großen Dürre) von 1827 bis 1830 das Aussehen des Landes, welches hier nicht eingefriedet wird, so vollständig verändert wurde, dass die Bewohner die Grenzen ihrer eigenen Besitzungen nicht wieder erkennen konnten und endlose Rechtsstreitigkeiten entstanden. Ungeheuere Quantitäten von Staub werden gleichfalls in Ägypten und im Süden von Frankreich umhergeweht. In China verdanken, wie Richtofen behauptet, wie feines Sediment aussehende Schichten, welche eine Mächtigkeit von mehreren 100 Fuß besitzen und sich über einen ungeheuren Raum erstrecken, ihren Ursprung nur dem von den

Hochlanden Zentral-Asiens herabgewehten Staube.[60] In feuchten Ländern, wie Großbritannien kann, solange das Land in seinem natürlichen mit Vegetation bekleideten Zustand bleibt, der Humus kaum an irgendeiner Stelle bedeutend durch Staub vermehrt werden; aber in seinem gegenwärtigen Zustand müssen die Felder in der Nähe von Landstraßen, auf denen ein reger Verkehr besteht, eine beträchtliche Menge Staub erhalten, und wenn Felder während trockenen und windigen Wetters geeggt werden, kann man sehen, wie Wolken von Staub weggeweht werden. Aber in allen diesen Fällen wird die oberflächliche Erdschicht einfach von einer Stelle zur anderen transportiert. Der Staub, welcher in unseren Häusern so dick niederfällt, besteht zum großen Teil aus organischer Substanz, und wenn er über das Land ausgebreitet würde, würde er mit der Zeit zerfallen und beinahe vollständig verschwinden. Aus neueren Beobachtungen über die Schneefelder der arktischen Gegenden geht indessen hervor, dass eine geringe Menge meteorischen Staubes von außerirdischem Ursprung beständig niederfällt.

Die dunkle Farbe der gewöhnlichen Ackererde ist offenbar die Folge des Vorhandenseins sich zersetzender organischer Substanz, welche indessen nur in geringen Quantitäten vorhanden ist. Der Gewichtsverlust, welchen

60 Wegen La Plata s. meine Reise eines Naturforschers (übers. v. V. Carus. 1875. S. 151). Élie de Beaumont hat (Leçons de Geologie pratique, Tom. 1. 1845. S. 183) eine ausgezeichnete Schilderung der enormen Menge Staubes gegeben, welche in manchen Ländern fortbewegt wird. Ich kann nur glauben, dass Mr. Proctor (Pleasant Ways in Science, 1879. S. 379) die Wirksamkeit des Staubes in einem feuchten Land wie Großbritannien etwas übertrieben hat. James Geikie hat (Prehistoric Europe, 1880. S. 165) einen ausführlichen Auszug aus Richthofens Ansichten gegeben, welche er indessen bestreitet.

Ackererde beim Erhitzen zum Rotglühen erleidet, scheint zum großen Teil davon abzuhängen, dass Wasser aus den Verbindungen ausgetrieben wird. In einer Probe fruchtbarer Ackererde ergab sich der Betrag an organischer Substanz nur zu 1,76 Prozent; in einer künstlich zubereiteten Erde betrug sie nicht weniger als 5,5 Prozent und in der berühmten schwarzen Erde von Russland von 5 bis selbst zu 12 Prozent.[61] In Blätterhumus, welcher ausschließlich aus dem Zerfall von Blättern gebildet wird, ist der Betrag viel größer, und im Torf beträgt allein der Kohlenstoff zuweilen bis 64 Prozent; diese letzteren Fälle gehen uns aber hier nichts an. Der Kohlenstoff im Boden strebt allmählich oxidiert zu werden und zu verschwinden, ausgenommen wo sich Wasser anhäuft und das Klima kühl ist,[62] sodass in dem ältesten Weideland kein großer Überschuss an organischer Substanz vorhanden ist, trotz des beständigen Zerfalls der Wurzeln und der unterirdischen Stämme von Pflanzen und der gelegentlichen Hinzufügung von Dünger. Das Verschwinden der organischen Substanz aus der Ackererde wird wahrscheinlich dadurch bedeutend unterstützt, dass sie immer und immer wieder in den Exkrementen der Regenwürmer an die Oberfläche gebracht wird.

Auf der anderen Seite tragen Regenwürmer bedeutend zur Vermehrung der organischen Substanz im Boden durch die erstaunliche Anzahl von halb verfaulten

61 Diese Angaben sind dem Aufsatz V. Hensens entnommen in der Zeitschr. f. wiss. Zoolog. 28. Bd. 1877. S. 360. Die Angaben in Betreff des Torfs sind genommen aus Mr. A. A. Julien in Proc. amer. Assoc. Science, 1869. S. 314.

62 Einige Tatsachen über das zur Bildung des Torfs notwendige oder günstige Klima habe ich in meiner Reise eines Naturforschers (übersetzt von V. Carus, 1875. S. 329) gegeben.

Blättern bei, welche sie bis zu einer Tiefe von 2 bis 3 Zoll in ihre Röhren ziehen. Sie tun dies hauptsächlich, um Nahrung zu erlangen, zum Teil aber auch, um die Mündungen ihrer Röhren zu verschließen und den oberen Teil auszukleiden. Die Blätter, welche sie verzehren, werden angefeuchtet in schmale Fäden zerrissen, teilweise verdaut und innig mit Erde vermischt; und dieser Prozess ist es, welcher der vegetabilischen Ackererde ihre gleichmäßig dunkle Färbung gibt. Es ist bekannt, dass verschiedene Arten von Säuren durch die Zersetzung vegetabilischer Substanz erzeugt werden; und da der Inhalt der Därme der Regenwürmer ebenso wie ihre Exkremente sauer sind, erscheint es als wahrscheinlich, dass der Verdauungsprozess eine analoge chemische Veränderung in den verschluckten zerkleinerten und halb zersetzten Blättern veranlasst. Die große Menge des von den Kalk führenden Drüsen abgesonderten Kalkes dient augenscheinlich dazu, die in dieser Weise entstandenen Säuren zu neutralisieren; denn die Verdauungsflüssigkeit der Regenwürmer wirkt nicht, wenn sie nicht alkalisch ist. Da der Inhalt des oberen Teils ihrer Därme sauer ist, kann die saure Beschaffenheit kaum Folge des Vorhandenseins von Harnsäure sein. Wir können daher schließen, dass die Säuren im Verdauungskanal der Regenwürmer während des Verdauungsprozesses gebildet werden und dass sie wahrscheinlich von nahezu derselben Beschaffenheit sind wie die in gewöhnlicher Ackererde oder im Humus. Es ist bekannt, dass die Letzteren das Vermögen besitzen, Eisenoxid zu desoxidieren oder aufzulösen, wie man überall sehen kann, wo Torf auf rotem Sand liegt oder wo eine faulende Wurzel derartigen Sand durchdringt. Ich hielt nun einige Würmer in einem mit sehr feinem rötlichen Sand gefüllten Topf, welcher aus sehr kleinen

Kieselteilchen bestand, die mit dem roten Eisenoxid überzogen waren; die Röhren, welche die Regenwürmer durch diesen Sand bohrten, waren in der gewöhnlichen Weise mit ihren Exkrementen gefüttert oder ausgekleidet, welche aus Sand vermischt mit den Absonderungen ihres Darmes und den verdauten Blättern gebildet waren; und dieser Sand hatte beinahe gänzlich seine rote Farbe verloren. Wenn kleine Stückchen desselben unter das Mikroskop gebracht wurden, sah man, dass die meisten Körner durchscheinend und farblos waren, und zwar infolge der Auflösung des Eisenoxids, während beinahe alle aus anderen Stellen des Topfes genommenen Körner mit dem Oxid überzogen waren. Essigsäure brachte kaum irgendwelche Wirkung auf diesen Sand hervor, und selbst Salzsäure, Salpetersäure und Schwefelsäure in den in der Pharmakopöe angegebenen Verdünnungen brachten eine geringere Wirkung hervor als die Säuren im Darm der Regenwürmer.

Mr. A. A. Julien hat vor Kurzem die sämtlichen bis jetzt veröffentlichten Mitteilungen über die im Humus erzeugten Säuren gesammelt, welche sich nach Angabe einiger Chemiker auf mehr als ein Dutzend verschiedener Arten belaufen. Diese Säuren wirken, ebenso wie ihre sauren Salze (d. h. die Säuren in Verbindung mit Kali, Natron und Ammoniak), energisch auf kohlensauren Kalk und auf die Eisenoxide. Es ist gleichfalls bekannt, dass einige von diesen Säuren, welche vor langer Zeit schon von Ténard Azohumussäuren genannt wurden, fähig sind, kolloide Kieselsäure im Verhältnis zu dem in ihnen enthaltenen Stickstoff aufzulösen.[63] Bei

63 A. A. Julien, »On the Geological Action of the Humus-acids« in: Proc. Amer. Assoc. Adv. Science, Vol. 28. 1879. S. 311; auch »On Chemical Corrosion on Mountain Summits« in: New York Acad.

der Bildung dieser letzteren Säuren bieten die Regenwürmer wahrscheinlich eine Unterstützung dar, denn Dr. H. Johnson teilt mir mit, dass er durch Nesslers Probe 0,018 Prozent Ammoniak in ihren Exkrementen gefunden habe.

Die verschiedenen Humussäuren, welche, wie wir soeben gesehen haben, innerhalb des Körpers der Regenwürmer während des Verdauungsprozesses erzeugt zu werden scheinen, und ihre sauren Salze spielen nach den neueren Beobachtungen von Mr. Julien eine in hohem Grad bedeutungsvolle Rolle bei der Zersetzung verschiedener Gesteinsarten. Es ist seit langer Zeit bekannt, dass die Kohlensäure und ohne Zweifel auch Salpeter- und salpeterige Säure, welche im Regenwasser vorhanden sind, in gleicher Weise wirken. In allen Erdarten, und besonders in reichen Erden, ist auch ein großer Überschuss an Kohlensäure vorhanden, und diese wird von dem Wasser im Boden aufgelöst. Überdies korrodieren die lebenden Wurzeln von Pflanzen, wie Sachs und andere gezeigt haben, in kurzer Zeit polierte Platten von Marmor, Dolomit und phosphorsaurem Kalk und lassen darauf ihre Eindrücke zurück, sie greifen selbst Basalt und Sandstein an.[64] Wir haben es aber hier nicht mit Einwirkungen zu tun, welche von der Tätigkeit der Regenwürmer vollständig unabhängig sind.

Die Verbindung irgendeiner Säure mit einer Basis wird durch Bewegung bedeutend erleichtert, da in dieser Weise frische Oberflächen beständig miteinander

Sc., Oct. 14. 1878, zitiert im Amer. Naturalist; s. auch über diesen Gegenstand: S. W. Johnson, How Crops Feed. 1870. S. 138.

64 S. wegen Verweisungen über diesen Gegenstand: S. W. Johnson, How Crops Feed. 1870. S. 326.

in Berührung gebracht werden. Dies wird mit den Stein- und Erdteilchen in den Därmen der Würmer während des Verdauungsprozesses sehr gründlich ausgeführt werden, und man muss sich daran erinnern, dass die ganze Masse der Ackererde auf einem jeden Feld im Verlauf einiger weniger Jahre durch ihren Verdauungskanal hindurchgeht. Da überdies die alten Wurmröhren langsam zusammenfallen und da frische Exkrementmassen beständig an die Oberfläche geschafft werden, so rotiert oder zirkuliert auch langsam die ganze oberflächliche Humusschicht, und die Reibung der einzelnen Teilchen aneinander wird den feinsten Überzug von zersetzter Substanz abreiben, sobald er sich gebildet hat. Auf diesen verschiedenen Wegen werden minutiöse Gesteinsfragmente vieler Arten und bloße Partikelchen im Boden beständig der chemischen Zersetzung ausgesetzt, und hierdurch wird die Menge der Erde sich zu vermehren streben.

Da die Regenwürmer ihre Röhren mit ihren Exkrementen auskleiden und da die Röhren bis zu einer Tiefe von 5 oder 6 oder selbst noch mehr Fuß eindringen, so wird eine geringe Menge der Humussäuren weit hinabgebracht werden und dort auf die darunterliegenden Gesteine und Gesteinsfragmente wirken. Hierdurch wird die Dicke des Bodens, wenn keine Erde von der Oberfläche fortgenommen wird, stetig, wenn auch langsam, sich zu vermehren suchen; die Anhäufung aber wird nach einer gewissen Zeit die Zersetzung der darunterliegenden Gesteine und der tieferliegenden Partikel aufhalten. Denn die Humussäuren, welche hauptsächlich in der oberen Schicht der vegetabilischen Ackererde erzeugt werden, sind äußerst unstete Verbindungen und zersetzen sich leicht, ehe sie eine irgendwie beträchtliche

Tiefe erreichen.[65] Eine dicke Schicht darüberliegender Erde wird auch die Ausdehnung großer Temperaturschwankungen nach unten und in kalten Ländern die mächtige Einwirkung des Frostes aufhalten. In gleicher Weise wird der freie Zutritt der Luft ausgeschlossen. Aus diesen verschiedenen Ursachen würde eine Zersetzung beinahe gehemmt werden, wenn die darüberliegende Humusschicht bedeutend an Mächtigkeit zunähme, weil nichts oder nur wenig von der Oberfläche entfernt würde.[66] In meiner eigenen unmittelbaren Nachbarschaft haben wir einen merkwürdigen Beweis dafür, wie wirksam eine Tonschicht von wenigen Fuß Mächtigkeit Veränderungen aufhält, welche an Feuersteinen, wenn sie frei exponiert daliegen, vor sich gehen; denn die großen, welche einige Zeit auf der Oberfläche gepflügter Felder gelegen haben, können nicht mehr zum Bauen benutzt werden; sie spalten sich nicht ordentlich, und die Arbeiter sagen, sie seien verfault.[67] Es ist daher

65 Diese Angabe ist dem Aufsatz Mr. Juliens entnommen, in: Proc. Amer. Assoc. Adv. Sc. Vol. 28. 1879. S. 330.

66 Die erhaltende Kraft einer Humusschicht wird häufig durch den vollkommenen Zustand bewiesen, in welchem Gletscherschürfe an Felsen zu sehen sind, wenn sie zuerst bloßgelegt werden. Mr. J. Geikie behauptet in seinem letzten bedeutungsvollen Werk (Prehistoric Europe, 1881), dass die vollkommeneren Ritze wahrscheinlich Folge des letzten Eintritts der Kälte und Zunahme des Eises während der lange fortdauernden und intermittierenden Glazialperiode sind.

67 Viele Geologen sind sehr überrascht gewesen über das vollständige Verschwinden der Feuersteine auf großen und nahezu ebenen Flächen, von welchen die Kreide durch die an der Luft vor sich gehende Abtragung entfernt worden war. Aber die Oberfläche eines jeden Feuersteins ist mit einer Schicht opaker, modifizierter Substanz überzogen, welche einer stählernen Spitze noch eben

notwendig, um Feuersteine zum Zweck von Bauten zu erhalten, in die Schicht des roten Tones, welche über der Kreide liegt (den Rückstand ihrer Auflösung durch das Regenwasser), oder in die Kreide selbst einzudringen.

Die Regenwürmer helfen nicht bloß indirekt bei der chemischen Zersetzung der Gesteine, sondern wir haben auch guten Grund zu der Annahme, dass sie gleichfalls in einer direkten und mechanischen Art auf die kleineren Partikel wirken. Alle die Spezies, welche Erde verschlingen, sind mit Kaumägen versehen, und diese sind mit einer so dicken Chitin-Membran versehen, dass Perrier von ihr als »une veritable armature«[68] spricht. Der Kaumagen ist von kraftvollen Quermuskeln umgeben, welche nach der Angabe von Claparéde ungefähr zehnmal so dick sind wie die Längsmuskeln, und Perrier sah sie sich energisch zusammenziehen. Die zu einer Gattung, *Digaster,* gehörigen Regenwürmer haben zwei getrennte, aber völlig ähnliche Kaumägen, und in einer anderen Gattung, *Moniligaster,* besteht der zweite Kaumagen aus vier Taschen, von denen eine auf die andere folgt, sodass man beinahe sagen kann, sie haben fünf Mägen.[69] In derselben Weise wie hühneartige und straußartige Vögel Steine verschlucken, um bei der Zerkleinerung ihrer Nahrung zu helfen, so scheint das bei den in der Erde lebenden Regenwürmern ebenso

---

nachgeben wird, während die frisch gebrochene, durchscheinende Fläche nicht geritzt wird. Die Entfernung der äußeren modifizierten Fläche frei exponiert gewesener Feuersteine durch atmosphärische Agentien führt, wenn schon ohne Zweifel äußerst langsam, in Verbindung mit dem Vorschreiten dieser Modifikation nach innen, wie wohl angenommen werden kann, zur vollkommenen Zersetzung, obwohl sie so äußerst haltbar erscheinen.

68 Archives de Zool. expériment. T. 3. 1874. S. 409.

69 Nouvelles Archives de Muséum. T. 8. 1872. S. 95. 131.

der Fall zu sein. Es wurden die Kaumägen von achtunddreißig unserer gemeinen Regenwürmer geöffnet, und in fünfundzwanzig von ihnen fanden sich kleine Steine oder Sandkörner zuweilen in Verbindung mit den harten kalkigen Konkretionen, die innerhalb der vorderen Kalk führenden Drüsen gebildet werden, und in zwei anderen fanden sich nur Konkretionen. In den Kaumägen der übrigen Würmer waren keine Steine vorhanden; aber einige von diesen waren keine wirklichen Ausnahmen, da die Kaumägen spät im Herbst geöffnet wurden, als die Würmer schon aufgehört hatten, Nahrung aufzunehmen und ihre Kaumägen vollkommen leer waren.[70]

Wenn Würmer ihre Röhren durch Erde graben, in welcher sich sehr zahlreich kleine Steinchen finden, so werden ohne Zweifel viele unvermeidlich mitverschluckt werden; es darf aber nicht angenommen werden, dass diese Tatsache die Häufigkeit erklärt, mit welcher Steine und Sand in ihren Kaumägen gefunden werden. Denn es wurden Glasperlen und Bruchstücke von Ziegelsteinen und harten Fliesen über die Oberfläche der Erde in Töpfen gestreut, in welchen Würmer gehalten wurden und in denen sie bereits ihre Röhren gegraben hatten; und sehr viele von diesen Perlen und Fragmenten wurden von den Würmern aufgenommen und verschluckt; denn sie fanden sich in ihren Exkrementen, Därmen und Kaumägen. Sie verschluckten selbst den groben roten, aus dem Zerpulvern der Ziegel hervorgegangenen Staub. Auch kann nicht angenommen werden, dass sie die Perlen und Bruchstücke irrtümlich für Nahrung hielten; denn wir haben gesehen, dass ihr Geschmack fein genug ist,

70 Morren sagt, wo er von der Erde in dem Verdauungskanal der Würmer spricht: »praesepe cum lapillis commixtam vidi«, in: De Lumbrici terrestris hist. nat. 1829. S. 16.

zwischen verschiedenen Arten von Blättern zu unterscheiden. Es ist daher offenbar, dass sie harte Gegenstände wie Stückchen Stein, Glasperlen und eckige Bruchstücke von Ziegeln oder Fliesen zu irgendeinem speziellen Zweck verschlingen, und es lässt sich kaum bezweifeln, dass dieser darin besteht, ihre Kaumägen beim Zerdrücken und Zerreiben der Erde zu unterstützen, welche sie in so großer Menge verzehren. Dass derartige harte Gegenstände nicht notwendig sind zum Zerdrücken von Blättern, kann aus der Tatsache geschlossen werden, dass gewisse Spezies, welche in Schlamm oder Wasser leben und sich von abgestorbener oder lebender vegetabilischer Substanz ernähren, welche aber keine Erde verschlucken, nicht mit Kaumägen versehen sind[71] und daher auch nicht das Vermögen besitzen, Steine nutzbar zu verwenden.

Während des Zerkleinerungsprozesses müssen die Erdpartikel gegeneinander und zwischen den Steinen und der zähen, den Kaumagen auskleidenden Membran gerieben werden. Die weicheren Teilchen werden hierdurch eine gewisse Abreibung erfahren und werden vielleicht selbst zerdrückt werden. Dieser Schluss wird durch das Aussehen frisch ausgeworfener Exkremente unterstützt; denn diese erinnerten mich oft an Farbe, die eben von Arbeitsleuten zwischen zwei flachen Steinen zerrieben worden war. Morren macht die Bemerkung, dass der Darmkanal ist »impleta tenuissimâ, terrâ, veluti in pulverem redâ«[72]. Auch Perrier spricht vom »état de pâte excessivement fine à laquelle est réduite la terre qu'ils rejettent« etc.[73]

---

71 Perrier, Archives de Zool. expériment. T. 3. 1874. S. 419.

72 Morren, De Lumbrici terrestris hist. nat. etc. S. 16.

73 Archives de Zool. expériment. T. 3. 1874. S. 418.

Da der Grad, bis zu welchem die Erdteilchen in den Kaumägen der Regenwürmer zerrieben werden, ein gewisses Interesse besitzt (wie wir später sehen werden), so bemühte ich mich über diesen Punkt dadurch Beweise zu erhalten, dass ich viele der Fragmente, welche durch ihren Darmkanal hindurchgegangen waren, sorgfältig untersuchte. Bei Würmern, welche im Naturzustand leben, ist es natürlich unmöglich zu wissen, wie stark die Fragmente abgerieben waren, ehe sie verschluckt wurden. Es ist indessen klar, dass Würmer nicht für gewöhnlich abgerundete Partikel auswählen werden; denn scharfe, eckige Stückchen von Feuersteinen und anderen harten Gesteinsarten wurden häufig in ihren Kaumägen oder Därmen gefunden. Bei drei Gelegenheiten wurden scharfe Dornen von den Stämmen von Rosenbüschen dort gefunden. In Gefangenschaft gehaltene Regenwürmer verschluckten wiederholt eckige Bruchstücke von harten Ziegeln, Kohlen, Schlacken und selbst die schärfsten Glassplitter. Hühnerartige und straußartige Vögel behalten lange Zeit in ihren Kaumägen die nämlichen Steine, welche hierdurch gut abgerundet werden; dies scheint aber bei Regenwürmern nicht der Fall zu sein, wenn man nach der großen Anzahl von Ziegelbruchstücken, Glasperlen, Steinen etc. urteilt, die sich häufig in ihren Exkrementen und Därmen finden; sodass, wenn die nämlichen Fragmente nicht wiederholt durch ihre Kaumägen hindurchgehen, sichtbare Zeichen von Abreibung an den Fragmenten kaum erwartet werden können, ausgenommen vielleicht in dem Fall, dass die Steine sehr weich wären.

Ich will nun die Beweise für die Abreibung mitteilen, die ich imstande gewesen bin zu sammeln. In den Kaumägen einiger Würmer, welche aus einer dünnen

Humusschicht über der Kreide ausgegraben wurden, waren viele gut abgerundete kleine Kreidebruchstücke und zwei Fragmente der Schalen eines Landmollusks (wie durch ihre mikroskopische Struktur ermittelt wurde) vorhanden, welche Letzteren nicht bloß abgerundet, sondern etwas poliert waren. Die in den Kalk führenden Drüsen gebildeten kalkigen Konkretionen, welche häufig in den Kaumägen, den Därmen und gelegentlich in den Exkrementen der Regenwürmer gefunden werden, schienen, wenn sie von bedeutender Größe waren, zuweilen abgerundet worden zu sein; aber bei allen kalkhaltigen Körpern dürfte das abgerundete Aussehen teilweise oder gänzlich Folge ihrer Korrosion durch Kohlensäure und die Humussäuren sein. In den Kaumägen verschiedener in meinem Gemüsegarten in der Nähe eines Treibhauses gesammelter Würmer wurden acht kleine Schlackenbruchstücke gefunden, und von diesen schienen sechs mehr oder weniger abgerundet, wie es auch zwei Stückchen Ziegel waren; aber einige andere Stückchen waren durchaus gar nicht abgerundet. Ein Feldweg in der Nähe von Abinger Hall war vor sieben Jahren mit Ziegelschutt bis zur Tiefe von ungefähr 6 Zoll bedeckt worden; über diesem Schutt war auf beiden Seiten der Straße bis zu einer Breite von 18 Zoll Rasen gewachsen, und auf diesem Rasen fanden sich zahllose Wurmexkremente. Einige von diesen waren gleichförmig rot gefärbt infolge des Vorhandenseins vielen Ziegelstaubes; auch enthielten sie viele Stückchen von Ziegeln und von hartem Mörtel von 1 bis 3 mm im Durchmesser, von denen die meisten deutlich abgerundet waren; aber alle diese Stückchen können auch abgerundet worden sein, ehe sie vom Rasen geschützt und dann verschlungen wurden, gleich denen auf den entblößten Stellen der Straße, welche bedeutend abgerieben waren. Ein Loch in einem Stück Weideland war zu der nämlichen Zeit, nämlich vor sieben Jahren, mit Ziegelschutt ausgefüllt worden und war nun gegenwärtig mit Rasen bedeckt; und hier enthielten die Exkremente sehr viele Ziegelstückchen, welche sämtlich mehr oder weniger abgerundet waren, und dieser Ziegelschutt konnte, nachdem er in das Loch geschüttet worden war, keinerlei Abreibung erfahren haben. Ferner wurden alte, sehr wenig zerbrochene Ziegel zusammen mit Mörtelbruchstücken zur Bildung von Fußwegen hingelegt und dann mit einer Kiesschicht von 4 bis 6 Zoll Dicke bedeckt; sechs kleine Ziegelbruchstücke wurden aus auf diesem Weg gesammelten Exkrementen herausgesucht, von denen drei deutlich abgerieben waren. Auch fanden sich sehr viele Stückchen harten Mörtels, von denen ungefähr die Hälfte gut abgerundet war; und es ist nicht glaubhaft, dass dieselben im Verlauf von nur sieben Jahren eine so bedeutende Korrosion durch die Einwirkung der Kohlensäure erlitten haben sollten.

Viel bessere Beweise für das Abreiben harter Gegenstände in den Kaumägen der Regenwürmer werden durch den Zustand der kleinen Fragmente von Ziegeln oder Fliesen und von Zement dargeboten, welche sich in den Exkrementmassen finden, die da aufgeworfen werden, wo antike Bauwerke einst standen. Da die sämtliche ein Feld bedeckende Ackererde alle paar Jahre durch den Körper der Würmer hindurchgeht, so werden wahrscheinlich die nämlichen kleinen Bruchstücke im Lauf der Jahrhunderte viele Male verschluckt und wieder zur Oberfläche gebracht werden. Es muss hier noch vorausgeschickt werden, dass in den verschiedenen folgenden Fällen die feinere Masse zuerst von den Exkrementen abgewaschen wurde und dass dann alle die Bruchstücke von Ziegeln, Fliesen und Zement ohne irgendwelche Auswahl gesammelt und dann später untersucht wurden. Es fanden sich nun in den zwischen den Täfelchen auf einem der eingegrabenen Fußböden der römischen Villa in Abinger ausgeworfenen Exkrementmassen viele (von ½ bis 2 mm im Durchmesser große) Stückchen von Fliesen und Steinmörtel, welche man unmöglich mit dem bloßen Auge oder durch eine starke Lupe betrachten und auch nur für einen Augenblick zweifeln konnte, dass sie sämtlich bedeutende Abreibung erlitten hatten. Ich spreche so, nachdem ich kleine vom Wasser abgeriebene aus römischen Ziegeln gebildete Rollsteine untersucht habe, welche M. Henri de Saussure die Freundlichkeit hatte, mir zu schicken und welche er aus Sand und Kiesschichten herausgezogen hatte, die sich an den Ufern des Genfer Sees in einer früheren Periode, als das Wasser ungefähr zwei Meter über seinem gegenwärtigen Niveau stand, abgelagert hatten. Die kleinsten dieser vom Wasser abgeriebenen Geschiebe aus Ziegeln von Genf waren vielen der aus den Kaumägen der Regenwürmer herausgenommenen sehr ähnlich; die größeren waren aber etwas glatter.

Vier auf dem vor Kurzem bloßgelegten getäfelten Fußboden des großen Raumes in der römischen Villa in Brading gefundene Exkrementmassen enthielten viele Stückchen von Ziegeln oder Fliesen, von Mörtel und hartem weißen Zement, und die Majorität derselben erschien deutlich abgerieben. Indessen erschienen die Mörtelstückchen mehr Korrosion als Abreibung erlitten zu haben; denn häufig sprangen Kieselkörner auf der Oberfläche vor. Es wurden Exkremente aus dem Raum innerhalb des Schiffs von Beaulieu Abbey, welche von Heinrich VIII. zerstört wurde, von einer ebenen

Rasenfläche gesammelt, welche über dem getäfelten Pflaster lag, durch welches die Wurmröhren durchtraten; und diese Exkrementmassen enthielten unzählige Stückchen von Steinmörtel und Zement, von denen die Mehrzahl offenbar etwas oder bedeutende Abreibung erlitten hatte. Es fanden sich auch viele minutiöse Schüppchen eines glimmerhaltigen Schiefers, deren Spitzen abgerundet waren. Wenn die obige Vermutung, dass in allen diesen Fällen die nämlichen minutiösen Fragmente mehrere Male durch die Kaumägen der Würmer hindurchgegangen sind, trotz der ihr innewohnenden Wahrscheinlichkeit verworfen wird, dann müssen wir annehmen, dass in allen oben erwähnten Fällen die vielen abgerundeten in den Exkrementmassen gefundenen Bruchstücke sämtlich bedeutende Abreibung erlitten hatten, ehe sie verschluckt wurden; und dies ist in hohem Grad unwahrscheinlich.

Auf der anderen Seite muss angeführt werden, dass Fragmente von ornamentalen Fliesen, etwas härter als gewöhnliche Ziegel oder Fliesen, welche nur einmal von den in Gefangenschaft gehaltenen Regenwürmern verschluckt worden waren, mit der zweifelhaften Ausnahme von einem oder zwei der kleinsten Körner, ganz und gar nicht abgerundet waren. Nichtsdestoweniger erschienen einige von ihnen ein wenig abgerieben, wenn auch nicht abgerundet. Wenn wir die oben angeführten Beweise in Betracht ziehen, so lässt sich trotz dieser Fälle nur wenig daran zweifeln, dass die Fragmente, welche in den Kaumägen der Regenwürmer als Mühlsteine dienen, wenn sie nicht von einer sehr harten Textur sind, einen gewissen Grad von Abreibung erleiden und dass die kleinen Teilchen in der Erde, welche gewohnheitsgemäß von den Regenwürmern in so erstaunlich großen Mengen verschluckt wird, aneinandergemahlen und dadurch abgeglättet werden. Wenn dies der Fall ist, dann ist die »terra tenuissima«, die »pâte excessivement fine«, aus welcher die Exkremente zum großen Teil bestehen, zum Teil Folge der mechanischen Wirkung des Kaumagens;[74] und diese feine Substanz ist, wie wir im nächsten Kapitel sehen werden, diejenige, welche hauptsächlich von den zahllosen Exkrementmassen auf jedem Feld während jedes heftigen Regenschauers fortgewaschen wird. Wenn die weicheren Steine überhaupt nachgeben, dann werden auch die härteren einen gewissen geringen Betrag an Abnutzung erleiden.

Die Zerkleinerung kleiner Steinstückchen in den Kaumägen der Regenwürmer ist von einem geologischen Standpunkt aus von größerer Bedeutung, als es auf den ersten Blick der Fall zu sein scheint; denn Mr. Sorby hat deutlich nachgewiesen, dass die gewöhnlichen Zerkleinerungsmittel, nämlich fließendes Wasser und die Meereswellen, mit immer geringerer und geringerer Kraft auf Gesteinsfragmente wirken, je kleiner dieselben sind. Er bemerkt: »selbst wenn wir dem Extra-Auf- und -Abschwimmen sehr kleiner Partikel in einem »Wasserstrome, welches von Oberflächenadhäsion abhängt, keine Rechnung tragen, müssen die Wirkungen der Abnutzung auf die Form der Körner direkt so variieren wie ihr

74 Diese Folgerung erinnert mich an die ungeheure Menge äußerst feinen kreidigen Schlammes, welcher innerhalb der Lagunen vieler Atolle gefunden wird, wo das Meer ruhig ist und die Wellen die Korallenblöcke nicht zerreiben können. Wie ich glaube, muss dieser Schlamm (s. über den Bau und die Verbreitung der Korallenriffe, Übersetz. S. 14. 1876) den zahlreichen Anneliden und anderen Tieren, welche in die abgestorbenen Korallen einbohren, und den Fischen, Holoturien u.s.w., welche von den lebenden Korallen sich ernähren, zugeschrieben werden.

Durchmesser, oder ungefähr so. Ist dies der Fall, so würde ein 1/10 Zoll im Durchmesser großes Korn zehnmal so viel abgerieben werden wie eines von 1/100 Zoll Durchmesser und mindestens einhundertmal so viel wie eins von 1/1000 Zoll im Durchmesser. Wir können dann vielleicht schließen, dass ein 1/10 Zoll im Durchmesser haltendes Korn, wenn es eine Meile weit gedriftet wird, so viel oder noch mehr abgerieben wird als ein 1/1000 Zoll messendes Korn, wenn es 100 Meilen gedriftet wird. Nach demselben Prinzip würde ein einen Zoll im Durchmesser messender Geschiebstein im Verhältnis mehr abgerieben werden, wenn er nur einige wenige Hundert Yards getrieben wird.«[75] Auch dürfen wir nicht vergessen, wenn wir die Kraft in Betracht ziehen, welche Würmer bei der Zerkleinerung von Gesteinsstückchen ausüben, dass wir gute Beweise dafür haben, dass auf jedem Acre Land, welches hinreichend feucht und nicht zu sandig, kiesig oder steinig ist, dass Würmer darin leben können, ein Gewicht von mehr als zehn Tonnen Erde jährlich durch ihre Körper durchgeht und an die Oberfläche gebracht wird. Für ein Land von der Größe Großbritanniens kann das Resultat innerhalb einer im geologischen Sinn nicht sehr langen Periode wie in einer Million Jahren nicht unbedeutend sein; denn die zehn Tonnen Erde sind zuerst mit der eben angegebenen Zahl von Jahren und dann mit der Anzahl von vollständig mit Würmern besetzten Acres zu multiplizieren; und in England zusammen mit Schottland ist das Land, welches kultiviert und für diese Tiere wohlgeeignet ist, auf über 32 Millionen Acres geschätzt worden. Das Produkt ist daher 320 Millionen Tonnen Erde.

75 Anniversary Adress: The Quart. Journal of the Geolog. Society, London. May, 1880. S. 59.

Sechstes Kapitel.

Die Abtragung des Landes. (Fortsetzung.)

Die Denudation dadurch unterstützt, dass neuerdings ausgeworfene Exkremente auf mit Gras bedeckten Flächen nach unten gleiten. | Die Menge Erde, welche jährlich abwärtsfließt. | Die Wirkung tropischer Regen auf Wurmexkremente. | Die feinsten Erdteilchen vollständig von den Exkrementmassen fortgewaschen. | Der Zerfall getrockneter Exkremente in Kügelchen und deren Hinabrollen auf geneigten Flächen. | Die Bildung kleiner Vorsprünge an Berghängen zum Teil Folge der Anhäufung zerfallener Exkremente. | Exkremente über ebenes Land nach der vom Wind abliegenden Seite geweht. | Versuch, die in dieser Weise fortgewehte Menge zu schätzen. | Die Erniedrigung alter Umwallungen und Hügel. | Das Erhalten der Firsten und Furchen auf in alter Zeit gepflügtem Land. | Die Bildung und Menge von Ackererde über der Kreideformation.

Wir sind nun vorbereitet, den direkteren Anteil, welchen Würmer an der Abtragung des Landes nehmen, eingehend zu betrachten. Wenn ich früher über die an der Luft vor sich gehende Denudation nachdachte, so schien es mir, wie es auch anderen erschienen ist, als könnte eine nahezu ebene oder sehr sanft geneigte mit Rasen bedeckte Fläche selbst während eines langen Zeitraums keinen Verlust erleiden. Es könnte hier betont werden, dass nach langen Zwischenräumen Regenwasser oder Wasserstürze alle Ackererde von einem sehr sanften

Abhang entfernen könnten; als ich aber die steilen mit Rasen bedeckten Abhänge in Glen Roy untersuchte, war ich von der Tatsache überrascht, dass nur selten irgendein derartiges Ereignis seit der Glazialperiode eingetreten sein kann, was aus dem gut erhaltenen Zustand der drei aufeinanderfolgenden »Straßen« oder Seeränder deutlich hervorging. Die Schwierigkeit indessen, welche sich der Annahme entgegenstellt, dass Erde in irgendeiner wahrnehmbaren Menge von einer sanft geneigten Fläche, die mit Vegetation bedeckt und mit Wurzeln durchfilzt ist, entfernt werden kann, wird durch die Tätigkeit der Würmer beseitigt. Denn die vielen Exkrementmassen, welche während der Regenzeit ausgeworfen werden, und diejenigen, welche eine kurze Zeit vor einem heftigen Regen herausgeschafft werden, fließen eine kurze Entfernung weit auf einer geneigten Fläche abwärts. Überdies wird viel von der feinsten, ausgeglätteten Erde von den Exkrementen vollständig fortgewaschen. Während trockenen Wetters zerfallen Exkremente häufig in kleine abgerundete Kügelchen und rollen schon infolge ihres Gewichts jeden Abhang hinunter. Dies tritt ganz besonders gern dann ein, wenn sie vom Wind in Bewegung gesetzt werden, und wahrscheinlich auch, wenn sie durch eine Berührung eines, wenn auch noch so kleinen Tieres einen Anstoß zur Bewegung erhalten. Wir werden auch sehen, dass ein heftiger Wind die sämtlichen Exkremente selbst auf einem ebenen Feld nach der vom Wind abliegenden Seite hinweht, während sie noch weich sind, und in gleicher Weise auch die Kügelchen, wenn sie trocken sind. Wenn der Wind in nahezu derselben Richtung mit der weht, in welcher eine Fläche abwärtsgeneigt ist, so wird das Abwärtsgleiten der Exkremente bedeutend unterstützt.

Die Beobachtungen, auf welche sich diese verschiedenen Angaben gründen, müssen nun mit etwas Detail angeführt werden. Wenn die Exkremente ausgeworfen werden, so sind sie zuerst klebrig, zäh und weich; während Regenzeiten, wo die Regenwürmer augenscheinlich vorziehen, sie auszuwerfen, sind sie noch weicher, sodass ich zuweilen gemeint habe, die Würmer müssten zu solchen Zeiten viel Wasser verschlucken. Indessen, wie sich dies auch verhalten mag, der Regen, selbst wenn er nicht sehr heftig ist, macht, wenn er nur lange Zeit anhält, die frisch ausgeworfenen Exkremente halb flüssig, und auf ebenem Boden breiten sie sich dann in dünne, kreisförmige, platte Scheiben aus, genauso, wie es eine gleiche Menge Honig oder sehr dünner Mörtel tun würde, wobei dann jede Spur ihrer wurmförmigen Gestalt verloren geht. Diese letztere Tatsache wurde zuweilen recht augenscheinlich gemacht, wenn ein Wurm später durch eine platte kreisförmige Scheibe dieser Art durchgebohrt und auf der Mitte eine frische wurmförmige Exkrementmasse aufgehäuft hatte. Ich habe solche platte eingesunkene Scheiben wiederholt nach heftigem Regen an vielen Stellen auf Böden aller Arten gesehen.

Über das Hinabfließen feuchter Exkremente und das Hinabrollen trockener, zerbröckelter Exkremente auf geneigten Flächen. | Wenn Exkremente auf einer geneigten Fläche während eines heftigen Regens oder kurz vor einem solchen ausgeworfen werden, so ist es nicht anders möglich, als dass sie ein wenig den Abhang hinabfließen. So fand ich beispielsweise auf einigen steilen Abhängen in Knowle Park, welche mit grobem Gras bedeckt waren und augenscheinlich seit unvordenklichen Zeiten in diesem Zustand existiert hatten, nach mehreren nassen

Tagen (22. Oktob. 1872), dass beinahe alle die vielen Exkrementmassen beträchtlich in der Richtung des Abhanges verlängert waren und dass sie jetzt aus glatten, nur unbedeutend kegelförmigen Massen bestanden. Wo nur überhaupt die Mündungen von Wurmgängen gefunden werden konnten, aus denen Erde ausgeworfen worden war, da fand sich mehr Erde oberhalb als unterhalb derselben. Nach einigen heftigen Regenstürmen (25. Jan. 1872) wurden zwei ziemlich steil geneigte Felder in der Nähe von Down besucht, welche früher gepflügt worden waren, aber gegenwärtig ziemlich dünn mit ärmlichem Graswuchs bedeckt waren; viele Exkrementmassen dehnten sich den Abhang hinab bis zu einer Länge von 5 Zoll aus, was das Doppelte oder Dreifache des gewöhnlichen Durchmessers der auf den ebenen Teilen dieser nämlichen Felder ausgeworfenen Exkremente war. Auf einigen schönen grasigen Abhängen in Holwood-Park, die unter Winkeln zwischen 3° und 11° 30' mit dem Horizont geneigt waren und auf denen die Oberfläche augenscheinlich niemals von Menschenhand berührt worden war, fanden sich Exkrementmassen in außerordentlicher Anzahl: Ein Raum von 16 Zoll Länge quer zur Richtung des Abhanges und 6 Zoll Breite in der Richtung des Abhanges war zwischen den Grashalmen mit einer gleichförmigen Schicht zusammenfließender und eingesunkener Exkrementmassen vollständig überkleidet. Auch hier waren an vielen Stellen die Exkremente den Abhang hinabgeflossen und bildeten nun glatte schmale Flecke von Erde von 6, 7 und 7½ Zoll Länge. Einige derselben bestanden aus zwei Exkrementmassen, einer über der anderen, welche so vollständig zusammengeflossen waren, dass sie kaum noch unterschieden werden konnten. Auf meinem Rasen, welcher mit sehr feinem

Gras bekleidet ist, sind die meisten Exkrementmassen schwarz, einige sind aber gelblich infolge der Zumischung von Erde, welche aus einer größeren Tiefe als gewöhnlich heraufgeschafft worden ist; und das Hinabfließen dieser gelben Exkrementmassen nach heftigem Regen war da deutlich zu sehen, wo der Abhang 5° geneigt war; und wo die Neigung weniger als 1° betrug, konnten noch immer einige Anzeichen ihres Hinabfließens entdeckt werden. Bei einer anderen Gelegenheit, nach einem Regen, welcher nicht einmal heftig gewesen war, aber doch 18 Stunden angehalten hatte, hatten die sämtlichen Exkremente auf diesem nämlichen geneigten Rasenplatz ihre wurmförmige Gestalt verloren: Sie waren geflossen, sodass volle zwei Drittel der ausgeworfenen Erde unterhalb der Mündung der Röhren lagen.

Diese Beobachtungen veranlassten mich, noch weitere mit mehr Sorgfalt anzustellen. Es wurden acht Exkrementmassen auf meinem Rasenplatz gefunden, wo die Grashalme fein sind und dicht beieinanderstehen, und drei andere auf einem Feld mit grobem Gras. Die Neigung der Oberfläche an den elf Stellen, wo diese Exkremente gesammelt wurden, schwankte zwischen 4° 30' und 17° 30'; das Mittel der elf Neigungswinkel betrug 9° 26'. Es wurde nun zunächst die Länge der Exkremente in der Richtung des Abhanges mit so viel Genauigkeit, wie ihre Unregelmäßigkeiten es gestatten wollten, gemessen. Es stellte sich als möglich heraus, diese Messungen bis innerhalb eines Achtels Zoll ungefähr anzustellen; aber eine der Exkrementmassen war zu unregelmäßig, um Messungen zu gestatten. Die mittlere Länge der übrigen zehn Exkremente in der Richtung des Abhangs war 2,03 Zoll. Die Exkrementmassen wurden dann mit einem Messer einer horizontalen, durch die Mündung der

Röhre gehenden Linie entlang in zwei Teile geteilt; die Röhrenmündung wurde durch Aufschlitzen des Rasens gefunden; alle ausgeworfene Erde wurde getrennt gesammelt, nämlich der Teil oberhalb der Röhre für sich und der Teil unterhalb für sich. Später wurden diese zwei Partien gewogen. In jedem einzelnen Fall war mehr Erde oberhalb als unterhalb vorhanden; das mittlere Gewicht der oberhalb der Mündung war 103 Gran, das der Erde von unterhalb 205 Gran, sodass das letztere beinahe das Doppelte vom ersten betrug. Da auf ebenem Boden Exkremente gewöhnlich beinahe gleichmäßig rings um die Mündungen der Röhren herum ausgeworfen werden, so gibt diese Gewichtsverschiedenheit die Menge ausgeworfener Erde an, welche den Abhang hinabgeflossen war. Es würden aber sehr viel mehr Beobachtungen nötig sein, um zu einem allgemeinen Resultat zu gelangen; denn die Beschaffenheit des Pflanzenwuchses und andere zufällige Umstände, wie die Heftigkeit des Regens, die Richtung und Stärke des Windes u.s.w. scheinen in Bezug auf die Bestimmung der Menge von Erde, welche einen Abhang hinabfließt, von größerer Bedeutung zu sein als der Neigungswinkel. So war bei vier Exkrementmassen auf meinem Rasenplatz (in den obigen elf eingeschlossen), von da, wo die mittlere Neigung 7° 19' betrug, der Unterschied in der Menge von Erde oberhalb und unterhalb der Wurmröhren größer als bei den anderen Exkrementmassen von demselben Rasenplatz, von da, wo der Abfall 12° 5' betrug.

Wir können indessen die obigen elf Fälle, welche, soweit sie eben beobachtet sind, genau und zuverlässig sind, als Ausgangspunkte nehmen und das Gewicht der ausgeworfenen Erde berechnen, welche jährlich einen Abhang hinabfließt, dessen mittlere Neigung 9° 26' beträgt. Dies hat mein Sohn George ausgeführt. Es ist bereits gezeigt worden, dass beinahe genau zwei Drittel der ausgeworfenen Erde unterhalb der Mündung der Wurmröhre zu finden ist und nur ein Drittel oberhalb derselben. Wenn nun die zwei Drittel, welche unterhalb der Höhle liegen, in zwei gleiche Teile geteilt werden, so hält die obere Hälfte dieser zwei Drittel genau dem einen Drittel das Gleichgewicht, welches oberhalb der Mündung liegt, sodass, was das eine Drittel oberhalb der Gangmündung und die obere Hälfte der unteren zwei Drittel betrifft, kein Abwärtsfließen von Erde den Abhang hinab vorhanden ist. Dagegen ist aber die die untere Hälfte der zwei Drittel bildende Erde auf Entfernungen hin fortgeschafft worden, welche für jeden einzelnen Teil desselben verschieden sind, welche aber durch den Abstand zwischen dem Mittelpunkt der unteren Hälfte der zwei Drittel und der Wurmröhre dargestellt werden kann. Es ist daher die mittlere Entfernung des Fortschaffens gleich der halben Länge der Wurmexkremente. Nun war die mittlere Länge von zehn unter den obigen elf Exkrementen 2,03 Zoll; die Hälfte hiervon können wir als einen Zoll annehmen. Es kann daher geschlossen werden, dass ein Drittel der ganzen auf die Oberfläche gebrachten Erde in diesen Fällen einen Zoll weit auf der geneigten Fläche hinabgeschafft worden ist.

Im dritten Kapitel ist gezeigt worden, dass auf Leith Hill Common im Lauf eines Jahres auf einem Quadratyard trockene Erde im Gewicht von mindestens 7.453 Pfund von den Regenwürmern an die Oberfläche heraufgeschafft worden ist. Wenn auf einem Abhang ein Quadratyard so abgegrenzt wird, dass zwei seiner Seiten horizontal sind, so ist es klar, dass nur 1/36 der ganzen auf diesem Quadratyard heraufgeschafften Erde seiner unteren Seite nahe genug liegt, darüber hinauszugelangen, vorausgesetzt, dass die Lageveränderung der Erde einen Zoll beträgt. Es ist aber ferner klar, dass nur 1/3 der heraufgeschafften Erde als hinunterfließend angesehen werden kann; es wird daher ⅓ von 1/36 oder 1/108 von 7.453 Pfund über die untere Seite unseres Quadratyards im Lauf eines Jahres hinübergehen. Es ist aber 1/108 von 7.453 Pfund gleich 1,1 Unze. Es wird daher 1,1 Unze trockener Erde jährlich über einen jeden horizontal aufgezeichneten Yard an einem Abhang mit der oben erwähnten Neigung abwärtslaufen, oder es werden jährlich sehr nahe an 7 Pfund eine horizontale, 100 Yards lange Linie auf einem Bergabhang mit diesem Neigungswinkel überschreiten.

Eine noch genauere, wenn schon immer noch sehr rohe Berechnung kann von dem Massenumfang der Erde angestellt werden, welche in ihrem natürlichen feuchten Zustand jährlich an demselben Abhang über eine horizontal, quer über denselben gezogene Linie abwärtsfließt. Nach den verschiedenen im dritten Kapitel mitgeteilten Fällen wissen wir, dass die jährlich auf einem Quadratyard an die Oberfläche gebrachte Exkrementmenge, wenn sie gleichmäßig ausgebreitet würde, eine Schicht von 0,2 Zoll Mächtigkeit bilden würde: Aus einer ähnlich der bereits mitgeteilten angestellten Berechnung folgt nun, dass ⅓ von 0,2 x 36 oder 2,4 Kubikzoll feuchter Erde jährlich über eine horizontale, einen Yard in der Länge messende Linie an einem Bergabhang mit der oben erwähnten Neigung nach unten fließen würde. Diese Masse feuchter Exkremente ergab sich beim Wägen als 1,85 Unzen schwer. Es würden daher 11,56 Pfund feuchter Erde, anstatt 7 Pfund trockener Erde, wie durch die erste Berechnung gefunden wurde, jährlich eine 100 Yards lange Linie an einer geneigten Fläche abwärts überschreiten.

Bei diesen Berechnungen ist angenommen worden, dass die Exkrementmassen während des ganzen Jahres beständig eine kurze Strecke weit abwärtsfließen; dies tritt aber nur bei denjenigen ein, welche während des Regens oder kurz vor demselben aufgeworfen worden sind; sodass die obigen Resultate hiernach sehr übertrieben sind. Andererseits wird während des Regens viel von der feinsten Erde eine beträchtliche Strecke weit von den Exkrementmassen weggewaschen, und zwar selbst da, wo die Neigung der Oberfläche eine äußerst sanfte ist, und wird hiernach, soweit die obigen Rechnungen in Betracht kommen, vollständig verloren. Exkremente, welche während trockenen Wetters ausgeworfen worden sind und welche getrocknet sind, verlieren in derselben Weise eine beträchtliche Menge feiner Erde. Überdies zerfallen getrocknete Exkrementmassen gern in kleine Kügelchen, welche häufig auf jeder geneigten Fläche abwärtsrollen oder vom Wind hinabgeweht werden. Es ist daher das obige Resultat, dass nämlich 2,4 Kubikzoll Erde (im feuchten Zustand 1,85 Unzen wiegend) jährlich eine Yardlinie von der bezeichneten Art überschreiten, wahrscheinlich nicht viel, wenn überhaupt übertrieben.

Diese Masse ist gering; wir müssen uns aber daran erinnern, wie viele sich verzweigende Täler die meisten Länder durchschneiden, deren gesamte Länge sehr groß sein muss, und dass beständig Erde auf beiden mit Rasen bedeckten Abhängen eines jeden Tales abwärtswandert. Auf jede 100 Yards Länge in einem Tal, dessen Seiten so wie in den vorstehend angeführten Fällen abfallen, werden 480 Kubikzoll feuchter Erde, welche über 23 Pfund wiegen, jährlich die Talsohle erreichen. Hier wird sich eine dicke Schicht von Alluvium anhäufen, bereit, im Lauf der Jahrhunderte fortgewaschen zu werden, in dem Maß, wie der Stromlauf in der Mitte sich mäanderartig von einer Seite zur anderen wendet.

Wenn nachgewiesen werden könnte, dass Regenwürmer allgemein ihre Röhren unter rechtem Winkel zu einer geneigten Fläche aushöhlten – und dies würde der kürzeste Weg für sie sein, um Erde von unterhalb heraufzuschaffen –, so würde in dem Maß, wie die alten Wurmröhren infolge des Gewichts des darüberliegenden Bodens zusammenfallen, dieses Einsinken es unvermeidlich verursachen, dass die ganze Schicht vegetabilischer Ackererde an der geneigten Fläche abwärtssinkt oder -gleitet. Aber die Richtung einer großen Anzahl von Wurmröhren zu ermitteln, stellte sich als zu schwierig und mühsam heraus. Es wurde indes ein gerades Stück Draht in fünfundzwanzig Wurmröhren auf verschiedenen geneigten Feldern hineingesteckt, und in acht Fällen waren die Röhren nahezu rechtwinklig auf die Neigung angelegt, während sie in den übrigen Fällen ganz unterschiedslos unter verschiedenen Winkeln geneigt waren, entweder nach oben oder nach unten in Bezug auf den Abhang.

In Ländern, wo die Regen sehr heftig sind, wie in den Tropen, scheinen, wie sich auch hätte erwarten lassen, die Wurmexkremente in einem bedeutenderen Maß hinabgewaschen zu werden als in England. Mr. Scott teilt mir mit, dass in der Nähe von Kalkutta die hohen, säulenartigen Exkrementmassen (welche früher beschrieben worden sind), deren Durchmesser gewöhnlich zwischen 1 und 1 ½ Zoll beträgt, auf einer ebenen Fläche nach heftigem Regen zu beinahe kreisförmigen, dünnen, flachen Scheiben von einem Durchmesser von zwischen 3 und 4 und zuweilen 5 Zoll zusammensinken. Es wurden drei frische Exkrementmassen, welche im botanischen Garten »auf einem nur unbedeutend geneigten, mit Gras bedeckten künstlichen Abhang von lehmigem Ton« ausgeworfen worden waren, sorgfältig gemessen; sie hatten eine mittlere Höhe von 2,17 und einen mittleren Durchmesser von 1,43 Zoll, nach heftigem Regen bildeten dieselben längliche Häufchen von Erde mit einer mittleren Länge von 5,83 Zoll in der Richtung des Abhangs. Da sich die Erde nur sehr wenig an dem Abhang aufwärts verbreitet hatte, muss nach dem ursprünglichen Durchmesser dieser Exkrementmassen zu urteilen ein großer Teil derselben in Substanz ungefähr 4 Zoll weit abwärtsgeflossen sein. Überdies muss auch etwas von der feinsten Erde, aus der sie zusammengesetzt waren, bis in eine noch größere Entfernung vollständig fortgewaschen worden sein. An trockenen Orten in der Nähe von Kalkutta wirft eine Spezies von Regenwürmern ihre Exkremente nicht in wurmförmigen Massen, sondern in kleinen Kügelchen verschiedener Größe aus: diese sind an einigen Orten sehr zahlreich, und Mr. Scott sagt, dass sie »von jedem Schauer fortgewaschen werden«.

Da die Oberfläche alter Exkrementmassen häufig mit groben Partikeln besetzt ist, kam ich auf die Annahme, dass eine beträchtliche Menge feiner Erde während des Regens von den Exkrementmassen vollständig weggewaschen werde. Demzufolge wurde ein wenig feine präzipitierte Kreide, welche mit Speichel oder Gummiwasser angefeuchtet wurde, sodass sie unbedeutend zähflüssig und von derselben Konsistenz wie eine frische Exkrementmasse war, auf die Spitzen mehrerer Exkrementmassen gelegt und leicht mit ihnen gemengt. Diese Exkrementmassen wurden dann durch eine sehr feine

Brause begossen, aus welcher die Tropfen näher aneinander als die Regentropfen, aber nicht annähernd so groß wie die bei einem Gewitterregen herabfielen; auch trafen sie mit nicht annähernd so bedeutender Kraft auf den Boden auf wie die Tropfen während heftigen Regens. Eine so behandelte Exkrementmasse sank mit überraschender Langsamkeit zusammen, wie ich vermute, infolge ihrer Zähigkeit. Sie floss nicht eigentlich in Substanz die mit Gras bedeckte Oberfläche des Platzes hinab, welcher hier unter einem Winkel von 16° 20' geneigt war; und trotzdem fanden sich viele Kreidepartikel drei Zoll unterhalb des Exkrements. Der Versuch wurde an drei anderen Exkrementmassen auf verschiedenen Teilen des Rasenplatzes, welche unter Winkeln von 2° 30', 3° und 6° geneigt waren, wiederholt; und Kreidepartikel waren zwischen 4 und 5 Zoll unterhalb des Exkrementhaufens zu sehen; nachdem die Oberfläche trocken geworden war, wurden in zwei Fällen Kreidepartikel in einer Entfernung von 5 und 6 Zoll gefunden. Mehrere andere Exkrementmassen, mit präzipitierter Kreide auf ihre Gipfel gelegt, wurden der natürlichen Einwirkung des Regens überlassen. In einem Fall war nach einem nicht heftigen Regen die Exkrementmasse weiß gestreift. In zwei anderen Fällen war die Oberfläche des Bodens auf eine Entfernung von einem Zoll von der Exkrementmasse weiß geworden; und etwas in einer Entfernung von 2 ½ Zoll gesammelter Boden, wo die Neigung 7° betrug, brauste leicht auf, als er in Säure gelegt wurde. Nach einer oder zwei Wochen war die Kreide von allen den Exkrementmassen, auf welche solche gelegt worden war, vollständig oder beinahe vollständig weggewaschen, und dieselben hatten ihre natürliche Färbung wieder erhalten.

Es mag noch ferner hier bemerkt werden, dass nach jedem sehr heftigen Regen seichte Wassertümpel auf ebenen oder nahezu ebenen Feldern, wo der Boden nicht porös ist, zu sehen sind und dass das Wasser in denselben häufig leicht schlammig ist. Wenn derartige kleine Tümpel eingetrocknet sind, sind die Blätter und Grashalme auf ihrem Grund meistens mit einer dünnen Schicht von Schlamm überzogen. Ich glaube, dass dieser Schlamm von kürzlich ausgeworfenen Wurmexkrementen herrührt.

Dr. King teilt mir mit, dass die Mehrzahl der oben beschriebenen riesenhaften Exkrementhaufen, welche er an einem vollständig exponierten, kahlen, kiesigen Hügel in den Nilgiri-Bergen in Indien gefunden hatte, durch den vorausgehenden Nordostmonsun mehr oder weniger verwittert gewesen seien; die meisten derselben boten das Aussehen eines Zusammengesunkenseins dar. Die Regenwürmer warfen hier ihre Exkrementmassen nur während der Regenzeit aus, und zu der Zeit, als Dr. King die Gegend besuchte, war seit 110 Tagen kein Regen gefallen. Er untersuchte sorgfältig den Boden zwischen der Stelle, wo diese kolossalen Exkrementmassen lagen, und einem kleinen Bach am Fuß des Hügels; aber nirgends war irgendeine Anhäufung feiner Erde zu finden, wie eine solche notwendigerweise nach dem Zerfall der Exkrementmassen hätte zurückbleiben müssen, wenn dieselben nicht vollständig entfernt worden wären. Er steht daher nicht an, zu behaupten, dass diese ganzen riesenhaften Exkrementmassen jährlich während der beiden Monsune (wo ungefähr 100 Zoll Regen fallen) in den kleinen Bach und von da in die in einer Tiefe von 3.000 oder 4.000 Fuß darunterliegenden Ebenen hinabgewaschen werden.

Exkrementmassen, welche während trockenen Wetters oder vor einem solchen ausgeworfen werden, werden dadurch hart, und zwar zuweilen in überraschendem Maß, dass die Partikel von Erde durch die Absonderungsflüssigkeiten des Darms miteinander verkittet worden sind. Frost scheint bei ihrer Zersetzung weniger wirksam zu sein, als hätte erwartet werden können. Nichtsdestoweniger zerfallen sie leicht, nachdem sie abwechselnd vom Regen befeuchtet und wiederum getrocknet sind, in kleine Kügelchen. Diejenigen, welche während eines Regens einen Abhang hinabgeflossen sind, zerfallen in derselben Weise. Derartige Kügelchen rollen häufig an jedem Abhang eine kleine Strecke weit hinunter, wobei ihr Hinabrücken zuweilen bedeutend durch den Wind unterstützt wird. Der ganze Boden eines breiten trockenen Grabens auf meinem Besitztum, wo sich sehr wenige frische Exkrementmassen fanden, war vollständig mit diesen Kügelchen oder zerfallenen Exkrementen bedeckt, welche die steilen Seiten, die unter einem Winkel von 27° geneigt sind, hinabgerollt waren.

In der Nähe von Nizza besteht an Orten, wo die großen zylindrischen, früher beschriebenen Exkrementmassen äußerst zahlreich sind, der Boden aus sehr feinem sandigkalkigen Lehm; und Dr. King teilt mir mit, dass diese Exkremente während trockenen Wetters äußerst gern in kleine Bruchstücke zerfallen, auf welche dann bald der Regen einwirkt; sie sinken dann zu Boden, sodass sie nun nicht länger mehr von dem umgebenden Boden zu unterscheiden sind. Er hat mir eine Masse solcher zerfallener Exkremente geschickt, welche auf dem Gipfel eines Abhangs gesammelt waren, wo keine von höher oben her hinzugerollt sein konnten. Sie mussten in den vorausgehenden fünf oder sechs Monaten ausgeworfen worden sein, bestanden aber gegenwärtig aus mehr oder weniger abgerundeten Fragmenten von allen Größen, von ¾ Zoll

Durchmesser an bis zu den kleinsten Körnchen und bloßem Staub. Dr. King beobachtete direkt den Prozess des Zerbröckelns, während er einige vollkommene Exkrementmassen, die er mir später schickte, trocknete. Auch Mr. Scott teilte mir Bemerkungen über das Zerbröckeln der Exkrementmassen in der Nähe von Kalkutta und auf den Bergen von Sikkim während der heißen und trockenen Jahreszeit mit.

Wenn die Exkrementmassen in der Nähe von Nizza auf einer geneigten Fläche ausgeworfen worden waren, rollten sie abwärts, ohne ihre sie auszeichnende Gestalt zu verlieren, und an einigen Stellen konnten sie »körbeweise gesammelt werden«. Dr. King beobachtete ein auffallendes Beispiel dieses Vorkommens an der Corniche-Straße, wo ein ungefähr 2½ Fuß breiter und 9 Zoll tiefer Abzugsgraben zum Aufnehmen des abfließenden Tagewassers von dem benachbarten Bergabhang gegraben worden war. Der Boden dieses Grabens war auf eine Entfernung von mehreren Hundert Yards bis zu einer Tiefe von 1½ bis 3 Zoll mit einer Schicht zerbrochener Exkrementmassen bedeckt, welche noch immer ihre charakteristische Gestalt darboten. Beinahe alle diese unzähligen Fragmente waren von oberhalb her hinabgerollt, denn im Graben selbst waren nur äußerst wenige Exkrementmassen ausgeworfen worden. Der Bergabhang war steil, schwankte aber sehr in Bezug auf seine Neigung, welche Dr. King zu 30° bis 60° mit dem Horizont schätzte. Er kletterte den Abhang hinauf und »fand alle Augenblicke kleine dammartige Vorsprünge, welche sich aus Bruchstücken der auf ihrem Weg nach unten durch Unregelmäßigkeit der Oberfläche, durch Steine, Zweige u. s. w. aufgehaltenen Exkrementmassen gebildet hatten. Eine kleine Gruppe von Pflanzen der *Anemone hortensis* hatte in dieser Weise die

Bruchstücke aufgehalten, und nun hatte sich eine vollständige kleine Bank von Erde rings um dieselbe gebildet. Viel von dieser Erde war zusammengebröckelt, aber eine ziemliche Menge hatte noch immer die Form von Exkrementmassen beibehalten.« Dr. King grub diese Pflanze aus und war von der Dicke der Erdschicht überrascht, welche sich erst vor Kurzem über der Krone des Rhizoms angesammelt haben musste, wie aus der Länge der gebleichten Blattstiele im Vergleich mit denen anderer Pflanzen derselben Art, wo keine derartige Anhäufung stattgefunden hatte, hervorging. Die in dieser Weise angesammelte Erde war ohne Zweifel (wie ich überall beobachtet habe) durch die kleineren Würzelchen der Pflanze festgehalten worden. Nachdem Dr. King diesen Fall sowie andere analoge Fälle beschrieben hat, kommt er zu dem Schluss: »Darüber kann ich nicht zweifelhaft sein, dass Regenwürmer den Prozess der Denudation bedeutend unterstützen.«

Vorspringende Erdränder an steilen Bergabhängen. | Kleine horizontale, vorspringende Ränder, einer über dem anderen, sind an steilen, grasigen Abhängen in vielen Teilen der Erde gefunden worden. Ihre Bildung hat man Tieren zugeschrieben, welche während des Grasens wiederholt dem Abhang entlang in den nämlichen horizontalen Linien gegangen sind, und es ist ganz sicher, dass sie sich in dieser Weise bewegen und diese Ränder benutzen; aber Professor Henslow (ein äußerst sorgfältiger Beobachter) sagte Sir J. Hooker, er sei überzeugt, dass dies nicht die einzige Ursache ihrer Bildung sei. Sir Jos. Hooker sah derartige vorspringende Ränder auf den Gebirgsketten des Himalaya und des Atlas, wo es keine domestizierten Tiere gab und wo nicht viele wilde Tiere vorhanden waren; und doch würden diese Letzteren wahrscheinlich diese vorspringenden Ränder nachts benutzen, während sie nach Art unserer domestizierten Tiere grasen. Ein Freund beobachtete in meinem Interesse die vorspringenden Ränder in den Schweizer Alpen und gibt an, dass sie 3 bis 4 Fuß übereinander, jeder ungefähr einen Fuß breit, hinliefen. Sie waren von den Füßen grasender Kühe tief eingedrückt. Ähnliche leistenartige Vorsprünge wurden von demselben Freund auf unseren Kreidedünen beobachtet, ebenso an einem alten Hügel von Kreidebruchstücken (aus einem alten Steinbruch herausgeschafft), welcher mit Rasen überzogen worden war.

Mein Sohn Francis untersuchte einen Böschungszug in der Kreide bei Lewes; hier zogen sich an einem Teil, welcher sehr steil war und unter einem Winkel von 40° mit dem Horizont abfiel, ungefähr 30 flache Leisten horizontal mit einem mittleren Abstand von ungefähr 20 Zoll voneinander, eine unter der anderen, über eine Strecke von mehr als 100 Yards hin. Sie waren von 9 bis 10 Zoll breit. Wenn sie von der Entfernung aus betrachtet wurden, boten sie wegen ihres Parallelismus ein auffallendes Aussehen dar; wurden sie aber näher untersucht, so fand sich, dass sie zuweilen gewunden waren, dass häufig eine in die andere überging, sodass das Aussehen entstand, als habe sich eine solche Leiste in zwei gegabelt. Sie sind aus hell gefärbter Erde gebildet, welche an der Außenseite, wo sie am dicksten sind, in einem Fall 9 Zoll, in einem anderen Fall zwischen 6 und 7 Zoll in der Dicke maß. Oberhalb der Leisten war die Mächtigkeit der Erdschicht über der Kreide in dem ersteren Fall 4 und im letzteren nur 3 Zoll. Das Gras wuchs an den äußeren Rändern der Leisten kräftiger als an irgendeinem anderen Teil des Abhangs und bildete hier einen buschigen Saum. Ihr mittlerer Teil war kahl, ob dies aber durch das Treten der Schafe verursacht worden war, welche zuweilen die Ränder frequentierten, konnte mein Sohn nicht ermitteln. Ebenso wenig konnte er darüber zu einem sicheren Urteil gelangen, wie viel von der Erde auf den mittleren und kahlen Teilen aus zerfallenen Wurmexkrementen bestanden, welche von oberhalb heruntergerollt waren; er war aber überzeugt, dass ein Teil in dieser Weise dahingekommen war; auch war es ganz offenbar, dass die vorspringenden Ränder mit dem buschigen Saum einen jeden kleinen von oben herabrollenden Gegenstand aufhalten würden.

An dem einen Ende des diese vorspringenden Ränder tragenden Abhanges bestand die Oberfläche stellenweise aus nackter Kreide, und hier waren die Leistenränder sehr unregelmäßig. Am anderen Ende des Abhangs wurde die Neigung plötzlich weniger steil, und hier hörten die vorspringenden Ränder ziemlich plötzlich auf; aber kleine dammartige Vorsprünge von nur einem oder zwei Fuß in der Länge waren noch immer vorhanden. Den Berg weiter hinab wurde der Abhang steiler, und da erschienen denn die regelmäßigen Ränder wieder. Ein anderer meiner Söhne beobachtete auf der landeinwärts gelegenen Seite von Beachy Head, wo die Oberfläche unter einem Winkel von ungefähr 25° geneigt war, viele kleine, kurze wallartige Vorsprünge wie die oben erwähnten. Sie erstreckten sich horizontal hin und waren von einigen wenigen Zoll bis zu zwei oder drei Fuß lang. Sie trugen Büschel von Gras, welche kräftig wuchsen. Die mittlere Dicke der Humusschicht, aus welcher sie gebildet waren, war nach neun Messungen 4,5 Zoll, während die der Humusschicht oberhalb und unterhalb derselben im Mittel nur 3,2 Zoll und auf jeder Seite derselben in demselben Niveau 3,1 Zoll betrug. Auf dem oberen Teil des

Abhangs boten diese dammartigen Vorsprünge keinerlei Anzeichen dafür dar, dass sie von Schafen häufig betreten worden wären, in den unteren Teilen fanden sich aber derartige Zeichen ziemlich deutlich. Es hatten sich hier keine langen, zusammenhängenden leistenartigen Vorsprünge gebildet.

Wenn die kleinen wallartigen Vorsprünge oberhalb der Corniche-Straße, welche Dr. King im Prozess ihres Entstehens durch Anhäufung zerfallener und herabgerollter Wurmexkremente beobachtete, horizontalen Linien entlang zusammengeflossen wären, so würden leistenartige Vorsprünge entstanden sein. Jeder wallartige Haufen wird durch die seitwärts gerichtete Verbreiterung der im Rollen aufgehaltenen Exkrementmassen sich nach den Seiten hin auszudehnen streben, und an einem steilen Abhang grasende Tiere werden beinahe mit Gewissheit von jedem Vorsprung in nahebei demselben Niveau Vorteil ziehen und den Rasen zwischen ihnen eindrücken; derartige zwischenliegende Vertiefungen werden ihrerseits wiederum die Exkrementmassen im Fall aufhalten. Eine unregelmäßige Leiste wird auch, wenn sie nur einmal erst gebildet ist, dadurch regelmäßiger und horizontal zu werden neigen, dass einige der Exkrementteile von den höheren Stellen seitlich nach den tieferliegenden hinabrollen, welche Letztere hierdurch erhöht werden. Eine etwa unterhalb eines solchen leistenartigen Vorsprungs sich findende Erhöhung wird später nicht mehr zerfallende Substanz von oberhalb erhalten und wird durch Regen und andere atmosphärische Einwirkung verwischt zu werden neigen. Es besteht eine gewisse Analogie zwischen der Bildung dieser leistenartigen Vorsprünge, wie sie angenommenermaßen hier dargestellt ist, und der der Furchen und Leisten an vom

Wind getriebenem Sand, wie sie von Lyell[76] beschrieben worden ist.

Die steilen grasbedeckten Teile eines Gebirgstales in Westmoreland, genannt Grisedale, waren an vielen Stellen mit unzähligen beinahe horizontalen, kleinen leistenartigen Vorsprüngen, oder vielmehr Zügen von Miniaturfelsenklippen, gezeichnet. Ihre Bildung hing in keinerlei Weise mit der Tätigkeit der Regenwürmer zusammen; denn nirgends waren Wurmexkremente zu sehen (und ihr Fehlen ist eine unerklärliche Tatsache), obschon der Rasen an vielen Stellen auf einer Schicht von Löss-Ton und Moräne-Schutt von beträchtlicher Mächtigkeit lag. Auch war, soweit ich es beurteilen konnte, kein näherer Zusammenhang zwischen der Bildung dieser kleinen Klippenzüge und dem Herumtreten von Kühen oder Schafen aufzufinden. Es schien, als ob die ganze oberflächlich gelegene, etwas tonige Erde, während sie teilweise noch durch die Wurzeln der Grasdecke zusammenhielt, ein wenig an dem Bergabhang abwärtsgeglitten sei und bei diesem Gleiten nachgegeben habe und in horizontalen Linien, quer auf den Abhang, gespalten sei.

Exkremente vom Wind nach der unter dem Wind liegenden Seite hingeweht. | Wir haben gesehen, dass feuchte Exkrementmassen auf jeder geneigten Ebene abwärtsfließen und dass zerfallene Exkrementmassen in gleicher Weise abwärtsrollen; wir werden nun sehen, dass frisch auf ebene mit Gras bedeckte Flächen ausgeworfene Wurmexkremente während heftiger, von Regen begleiteter Stürme nach der unter dem Wind liegenden Seite hingeweht werden. Ich selbst habe dies viele Male auf vielen Feldern

76 Elements of Geology, 1865. S. 20.

während mehrerer aufeinanderfolgender Jahre beobachtet. Nach solchen Stürmen bieten die Exkrementmassen nach der vor dem Wind liegenden Richtung eine sanft geneigte, glatte oder zuweilen gefurchte Oberfläche dar, während sie auf der unter dem Wind liegenden Seite steil geneigt oder abschüssig sind, sodass sie im Miniaturmaßstab von Gletschern abgeriebenen Felsblöcken ähnlich sind. Sie sind häufig auf der unter dem Wind liegenden Seite von Hohlräumen durchzogen, infolge davon, dass der obere Teil sich über den unteren weggekrümmt hat. Während eines ungewöhnlich heftigen Südweststurmes mit Strömen von Regen wurden viele Wurmexkremente gänzlich nach der unter dem Wind liegenden Seite fortgeblasen, sodass die Öffnungen der Wurmröhren auf der Windseite entblößt und exponiert blieben. Frische Exkrementmassen fließen naturgemäß an einer geneigten Fläche abwärts; auf einem Grasfeld aber, welches unter einem Winkel von 10° und 15° abfiel, wurden mehrere gefunden, welche nach einem heftigen Sturm aufwärtsgeblasen worden waren. Dies ereignete sich gleichfalls bei einer anderen Gelegenheit auf einem Teil meines Rasenplatzes, wo die Neigung etwas geringer war. Bei einer dritten Gelegenheit waren die Exkrementmassen auf den steilen, mit Gras bedeckten Seiten eines Tals, in welchem hinab ein Sturm geweht hatte, den Abhang schräg hinab-, anstatt geradegerichtet, und dies war offenbar Folge der kombinierten Wirkung des Winds und der Schwere. Vier Exkrementmassen auf meinem Rasenplatz, an Stellen, wo die Neigung 0° 45', 1°, 3° und 3° 30' (im Mittel 2° 45') nach Nordost betrug, wurden nach einem heftigen Südweststurm mit Regen in der früher beschriebenen Weise quer über den Mündungen der Wurmröhren geteilt und gewogen. Das mittlere Gewicht der Erde unterhalb der

Mündungen der Wurmröhren und nach der unter dem Wind liegenden Seite verhielt sich zu dem Gewicht der Erde oberhalb der Mündungen und auf der Windseite wie 2¾ zu 1; während wir gesehen haben, dass bei verschiedenen Exkrementmassen, welche an Abhängen hinabgeflossen waren, die eine mittlere Neigung von 9°26' hatten, und bei drei Exkrementen bei einer Neigung von über 12°, das verhältnismäßige Gewicht der Erde unterhalb zu der oberhalb der Mündungen sich nur wie 2 zu 1 verhielt. Diese verschiedenen Fälle zeigen, wie wirksam Sturmwind in Begleitung von Regen frisch ausgeworfene Exkremente fortbewegt. Wir können daher schließen, dass selbst ein mäßig starker Wind irgendeine geringe Wirkung auf sie ausüben wird.

Trockene und hart gewordene Exkrementmassen werden nach ihrem Zerfallen in kleine Fragmente oder Kügelchen zuweilen, und wahrscheinlich häufig, von einem starken Wind nach der unter dem Wind liegenden Seite hingetrieben. Dies wurde bei einer Gelegenheit beobachtet; ich wendete aber dem Gegenstand nicht genügende Aufmerksamkeit zu. Eine alte Exkrementmasse an einem sanft geneigten Abhang wurde von einem starken Südwestwind vollständig fortgeblasen. Dr. King ist der Meinung, dass der Wind den größeren Teil der alten, zerbröckelnden Exkremente bei Nizza entfernte. Mehrere alte Exkremente auf meinem Rasenplatz wurden mit Nadeln bezeichnet und gegen jeden störenden Eingriff geschützt. Sie wurden nach einem Verlauf von 10 Wochen untersucht, während welcher Zeit das Wetter abwechselnd trocken und regnerisch gewesen war. Einige, welche von einer gelblichen Färbung waren, waren beinahe vollständig weggewaschen worden, wie an der Farbe des umgebenden Bodens zu sehen war. Andere waren vollständig verschwunden, und diese waren ohne Zweifel fortgeweht worden. Andere endlich waren zurückgeblieben und dürften wohl noch lange bleiben, da Grashalme durch sie hindurchgewachsen waren. Auf ärmlichem Weideland, welches niemals gewalzt worden ist und auf welchem Tiere nicht viel herumgetreten sind, ist zuweilen die ganze Oberfläche mit kleinen Buckelchen besetzt, durch welche und auf welchen Gras wächst, und diese Buckelchen bestehen aus alten Wurmexkrementen.

In allen den vielen beobachteten Fällen, wo weiche Exkrementmassen nach der Seite unter dem Wind geweht worden sind, ist dies durch starke, vom Regen begleitete Winde bewirkt worden. Da derartige Winde in England allgemein vom Süden und Südwesten blasen, so muss die Erde im Ganzen die Neigung haben, sich über unsere Felder in einer nördlichen und nordöstlichen Richtung zu bewegen. Diese Tatsache ist interessant, weil man wohl meinen könnte, dass von einer ebenen mit Gras bedeckten Fläche keine mit irgendwelchen Mitteln entfernt werden könnte. In dichten und ebenen Wäldern, die vor dem Wind geschützt sind, werden die Wurmexkremente niemals so lange entfernt werden wie der Wald stehen bleibt; auch wird sich hier Humus bis zu der Tiefe anzuhäufen streben, bis zu welcher Würmer arbeiten können. Ich versuchte mir dafür Beweise zu verschaffen, wie viel Humus, solange er noch im Zustand der Exkrementmassen existiert, durch unsere feuchten südlichen Stürme über offenes und flaches Land nach Nordosten getrieben wird, indem ich das Niveau der Oberfläche auf den gegenüberliegenden Seiten alter Bäume und Hecken verglich; es gelang mir aber nicht, und zwar infolge des ungleichen Wachstums der Wurzeln der Bäume und infolge des Umstands, dass das meiste Weideland früher gepflügt worden ist.

Auf einer offenen Ebene bei Stonehenge finden sich seichte kreisförmige Gräben mit einem niedrigen Wall am Außenrand, welche 50 Yards im Durchmesser haltende ebene Stellen umgeben. Diese Ringe scheinen sehr alt zu sein, und man glaubt, dass sie aus gleicher Zeit herrühren wie die Druidensteine. Wenn Wurmexkremente, welche innerhalb dieser kreisförmigen Stellen ausgeworfen werden, durch Südwestwind nach Nordosten geweht werden, so werden sie innerhalb des Grabens eine Humusschicht bilden, welche auf der nordöstlichen Seite dicker als an irgendeiner anderen ist. Die Örtlichkeit war aber für die Tätigkeit der Würmer nicht günstig; denn die Ackererdeschicht auf der umgebenden Kreideformation mit Feuersteinen hatte nur eine Mächtigkeit von 3,37 Zoll, nach einem Mittel aus sechs Beobachtungen, welche in einer Entfernung von 10 Yards außerhalb der Umwallung angestellt worden waren. Die Dicke der Humusschicht innerhalb zweier jener kreisförmigen Gräben wurde alle 5 Yards ganz ringsherum auf den inneren Seiten in der Nähe des Grunds gemessen. Mein Sohn Horace projizierte diese Messungen auf Papier; und obgleich die die Dicke der Humusschicht darstellende Kurve äußerst unregelmäßig war, so war doch in beiden Zeichnungen zu sehen, dass die Humusschicht auf der nordöstlichen Seite dicker war als anderswo. Wenn ein Mittel aus allen Messungen in den beiden Gräben eingetragen und die Linie ausgeglichen wurde, so sah man augenscheinlich, dass die Humusschicht in dem Viertel des Kreises zwischen Nordwest und Nordost am dicksten war und am dünnsten in dem Viertel des Kreises zwischen Südost und Südwest, besonders an letzteren Punkten. Außer den vorstehend erwähnten Messungen wurden noch sechs andere nahe aneinander in einem der kreisförmigen

Gräben an der nordöstlichen Seite gemacht; und hier hatte die Humusschicht eine mittlere Dicke von 2,29 Zoll, während das Mittel aus sechs anderen Messungen auf der südwestlichen Seite nur 1,46 Zoll betrug. Diese Beobachtungen weisen darauf hin, dass die Wurmexkremente durch die südwestlichen Winde aus dem eingeschlossenen kreisförmigen Platz in den Graben an der nordöstlichen Seite geweht worden waren; für ein zuverlässiges Resultat wären aber noch viel mehr Messungen notwendig.

Die Menge der in der Form von Wurmexkrementen an die Oberfläche gebrachten und später durch die von Regen begleiteten Winde weitergeschafften feinen Erde oder derjenigen, welche an einer geneigten Fläche hinabfließt oder -rollt, ist ohne Zweifel im Verlauf einiger Jahrzehnte nur gering; denn im anderen Fall würden die sämtlichen Ungleichheiten auf unseren als Weideland liegen gelassenen Äckern innerhalb einer viel kürzeren Zeit niedergeglättet werden, als es der Fall zu sein scheint. Aber die Menge der in dieser Weise im Verlauf von Tausenden von Jahren fortbewegten Erde muss notwendig beträchtlich sein und verdient Beachtung. Élie de Beaumont betrachtet die vegetabilische Humusschicht, welche überall das Land bedeckt, als eine feste Linie, von welcher aus die Größe der Abtragung gemessen werden könne.[77] Er kennt die beständige Bildung frischer Ackererde durch das Zerfallen der unterliegenden Gesteine und Gesteinsbruchstücke nicht; es ist merkwürdig zu sehen, wie viel philosophischer die Ansichten waren,

---

77 Leçons de Géologie pratique, 1845; Cinquième Leçon. Die sämtlichen Argumente Élie de Beaumonts sind äußerst trefflich zurückgewiesen von Prof. A. Geikie in seiner Abhandlung in den Transact. Geolog. Soc. of Glasgow. Vol. III. 1868. S. 153.

welche Playfair vor langer Zeit hatte, welcher im Jahre 1802 schrieb: »wir haben in dem beständigen Vorhandensein einer Decke von Humus an der Oberfläche der Erde einen demonstrativen Beweis der beständig fortdauernden Zerstörung der Gesteine.«[78]

Antike Wälle und Grabhügel. | Élie de Beaumont führt den gegenwärtigen Zustand vieler antiker Umwallungen und Grabhügel ebenso wie alter gepflügter Felder als Beweis dafür an, dass die Oberfläche des Landes kaum irgendeine Abminderung erfährt. Es scheint aber nicht so, als hätte er jemals die Dicke der Humusschicht über verschiedenen Teilen derartiger alter Überreste untersucht. Er verlässt sich hauptsächlich auf indirekte, aber allem Anschein nach glaubwürdige Beweise dafür, dass die Abhänge der alten Umwallungen noch die nämlichen sind, wie sie ursprünglich waren; und offenbar konnte er über ihre ursprüngliche Höhe nichts wissen. In Knowle Park war hinter den Büchsenscheiben ein Hügel aufgeworfen worden, welcher aus Erde gebildet worden zu sein scheint, die ursprünglich von viereckigen Rasenblöcken gestützt wurde. Die Seiten fielen, so nahe ich dieselben zu schätzen imstande war, unter einem Winkel von 45° oder 50° mit dem Horizont ab und waren, besonders auf der nördlichen Seite, mit langem groben Gras bedeckt, unter welchem viele Wurmexkremente gefunden wurden. Dieselben waren in Substanz abwärtsgeflossen und andere waren in der Form von Kügelchen hinabgerollt. Es ist daher sicher, dass, solange ein Hügel dieser Art von Würmern bewohnt wird, seine Höhe beständig verringert wird. Die feine Erde, welche an den Seiten eines solchen

78 Illustrations of the Huttonian Theory of the Earth, S. 107.

Hügels hinabfließt oder -rollt, häuft sich an seiner Basis in der Form eines schwellenartigen Vorsprungs an. Eine Schicht feiner Erde – und selbst eine sehr dünne Schicht – ist für Würmer eminent günstig, sodass eine größere Zahl von Exkrementmassen auf eine solche Schwelle ausgeworfen zu werden neigt als anderswo; und diese werden von jedem heftigen Regenschauer teilweise weggewaschen und über den anstoßenden ebenen Boden verbreitet werden. Das endliche Resultat wird das Erniedrigen des ganzen Hügels sein, während die Neigung der Seiten nicht bedeutend verringert werden würde. Dasselbe Resultat wird auch ganz zuverlässig bei alten Umwallungen und Grabhügeln eintreten, ausgenommen da, wo sie aus Kies oder aus nahezu reinem Sand aufgeführt worden sind, da derartige Substanzen für Würmer ungünstig sind. Man nimmt von vielen alten Befestigungen und Grabhügeln an, dass sie mindestens 2.000 Jahre alt sind; und wir müssen uns hier in der Erinnerung gegenwärtig halten, dass an vielen Stellen in fünf Jahren ungefähr ein Zoll von Humus an die Oberfläche geschafft wird oder 2 Zoll in 10 Jahren. Es wird daher in einer so langen Periode, wie 2.000 Jahre, eine große Menge Erde auf den meisten alten Umwallungen und Grabhügeln, ganz besonders auf dem schwellenartigen Absatz rings um ihre Basis, wiederholt an die Oberfläche geschafft worden sein, und viel von dieser Erde wird vollständig fortgewaschen worden sein. Wir können daher schließen, dass alle antiken Hügel, wenn sie nicht aus Material errichtet sind, welches den Würmern unvorteilhaft ist, im Verlauf der Jahrhunderte etwas erniedrigt worden sein werden, obschon die Neigung ihrer Seiten nicht bedeutend verändert worden sein mag.

Früher gepflügte Felder. | Von einer sehr weit zurückliegenden Zeit an und in vielen Ländern ist Land gepflügt worden, sodass konvexe Beete, Firsten oder Leisten genannt, gewöhnlich ungefähr 8 Fuß breit und durch Furchen voneinander getrennt, aufgeworfen worden sind. Die Furchen sind so gerichtet, dass sie das oberflächliche Wasser ableiten. Bei meinen Versuchen zu ermitteln, wie lange Zeit diese Leisten und Furchen bestehen bleiben, wenn gepflügtes Land in Weideland umgewandelt worden ist, stellten sich mir Hindernisse vieler Arten entgegen. Es ist selten bekannt, wann ein Feld zum letzten Mal gepflügt worden ist; und von einigen Feldern, von denen man gemeint hatte, dass sie seit unvordenklichen Zeiten als Weideland dalägen, wurde später entdeckt, dass sie erst noch vor 50 oder 60 Jahren gepflügt worden sind. Während der ersten Zeit des gegenwärtigen Jahrhunderts, als der Preis des Getreides sehr hoch war, scheint Land von allen Arten in Britannien gepflügt worden zu sein. Es ist indessen kein Grund zum Zweifeln vorhanden, dass in vielen Fällen die alten Firsten und Furchen seit einer sehr alten Zeit her erhalten worden sind.[79] Dass sie für sehr ungleich lange Zeiträume erhalten werden würden, folgt

79 Mr. E. Tylor macht in seiner Adresse als Präsident (Journ. of the Anthropological Institute, May, 1880, S. 451) die Bemerkung: »Aus mehreren Aufsätzen der Berliner Gesellschaft in Bezug auf die deutschen ›Hochäcker‹ und ›Heidenäcker‹ geht hervor, dass sie in ihrer Lage auf Berghängen und wüsten Stellen sehr den Elfenfurchen in Schottland entsprechen, welche die populäre Mythologie durch die Geschichte erklärt, dass die Felder mit einem päpstlichen Interdikt belegt worden seien und dass infolgedessen die Leute die Berge zu kultivieren begannen. Es scheint Grund zu der Annahme vorhanden zu sein, dass, ähnlich wie die bebauten Stellen in den schwedischen Wäldern, welche die Tradition den alten ›Hackern‹

ganz natürlich daher, dass die Firsten, als sie zuerst aufgeworfen wurden, in den verschiedenen Bezirken sehr verschieden hoch waren, ebenso wie es gegenwärtig bei frisch gepflügtem Land der Fall ist.

Auf altem Weideland ergab es sich, dass die Ackererde, wo nur immer Messungen vorgenommen worden sind, in den Furchen von ½ bis 2 Zoll dicker war als auf den Firsten; dies wird aber eine natürliche Folge dann sein, dass die feinere Erde von den Firsten in die Furchen gewaschen worden ist, ehe das Land gut mit Rasen bekleidet war; und es ist hier ganz unmöglich zu sagen, welche Rolle die Regenwürmer bei dieser Arbeit gespielt haben. Trotzdem werden aber, nach dem was wir gesehen haben, Wurmexkremente sicher während heftigen Regens leicht von den Firsten in die Furchen gewaschen werden. Sobald sich aber eine Schicht feiner Erde durch irgendwelche Mittel angesammelt hat, wird diese den Würmern günstiger sein als die anderen Teile, und es werden dann hier eine größere Menge von Exkrementmassen aufgeworfen werden als anderswo; und da die Furchen auf abfallendem Land gewöhnlich so gerichtet sind, dass sie das oberflächliche Wasser fortleiten, so wird etwas von der feinsten Erde von den hier aufgeworfenen Exkrementhaufen abgewaschen und vollständig fortgeschafft werden. Das Resultat wird sein, dass die Furchen sehr langsam aufgefüllt werden, während die Firsten vielleicht noch langsamer dadurch niedriger gemacht werden, dass die Wurmexkremente ihre sanften Neigungen hinabrollen in die Furchen.

---

zuschreibt, so auch die deutschen Heidenäcker einen Anbau seitens einer alten und barbarischen Bevölkerung darstellen.«

Nichtsdestoweniger könnte man erwarten, dass alle Furchen, besonders diejenigen auf einer abfallenden Fläche, im Lauf der Zeit aufgefüllt werden und verschwinden würden. Indessen konnten einige sorgfältige Beobachter, welche für mich Felder in Gloucestershire und Staffordshire untersuchten, keinerlei Unterschied in dem Zustand der Furchen in dem oberen und unteren Teil der auf abfallendem Land gelegenen Felder entdecken, von denen anzunehmen war, dass sie schon lange als Weide dalagen; sie kamen zu der Schlussfolgerung, dass die Firsten und Furchen eine beinahe endlose Zahl von Jahrhunderten bestehen bleiben können. Andererseits scheint der Obliterationsprozess an einigen Stellen begonnen zu haben. So wurde auf einem mit Gras bewachsenen Feld in Nordwales, von dem bekannt ist, dass es vor ungefähr 65 Jahren gepflügt worden ist und welches unter einem Winkel von 15° nach Nordosten zu abfiel, die Tiefe der nur 7 Fuß voneinander abstehenden Furchen sorgfältig gemessen, und es zeigte sich, dass sie im oberen Teil des Abhangs ungefähr 4 ½ Zoll und in der Nähe der Basis, wo sie nur mit Schwierigkeit verfolgt werden konnten, nur 1 Zoll betrug. Auf einem anderen, unter nahezu demselben Winkel nach Südwesten abfallenden Feld waren die Furchen im unteren Teil kaum erkennbar, obschon diese nämlichen Furchen, wenn man sie auf den anstoßenden ebenen Grund verfolgte, von 2 ½ bis 3 ½ Zoll tief waren. Ein dritter und äußerst ähnlicher Fall wurde noch beobachtet. In einem vierten Fall war die Ackererde in einer Furche in dem oberen Teil eines geneigt liegenden Feldes 2 ½ Zoll und im unteren Teil 4 ½ Zoll dick.

Auf den Kreidedünen in ungefähr einer Meile Entfernung von Stonehenge untersuchte mein Sohn William eine mit Gras bedeckte, gefurchte, unter einem Winkel von 8° bis 10° geneigte Fläche, von welcher ein alter Schäfer angab, dass sie in der Zeit menschlicher Erinnerung nicht gepflügt worden sei. Es wurde die Tiefe einer Furche an 16 Stellen in einer Länge von 68 Schritt gemessen, und es zeigte sich, dass sie da tiefer war, wo der Abfall am größten war und wo naturgemäß weniger Erde sich anzusammeln geneigt sein würde, und dass sie an der Basis beinahe verschwand. Die Dicke der Humusschicht in dieser Furche war im oberen Teil 2½ Zoll und nahm ein wenig oberhalb des steilsten Teils des Abhangs bis zu 5 Zoll zu; und an der Basis, in der Mitte des engen Tals, an einem Punkt, welchen die Furche, wenn sie sich so weit fortgesetzt hätte, getroffen haben würde, betrug sie nicht weniger als 7 Zoll. Auf der gegenüberliegenden Seite des Tals fanden sich undeutliche, beinahe obliterierte Spuren von Furchen. Ein anderer, aber nicht so entschiedener Fall wurde in einer Entfernung von einigen wenigen Meilen von Stonehenge beobachtet. Im Ganzen ergibt sich, dass die Firsten und Furchen auf früher gepflügt gewesenem Land, welches aber gegenwärtig mit Gras bedeckt ist, langsam zu verschwinden streben, wo der Boden geneigt ist, und dies ist wahrscheinlich zum größten Teil der Tätigkeit der Würmer zuzuschreiben, dass aber die Firsten und Furchen eine sehr lange Zeit bestehen bleiben, wo die Oberfläche eben ist.

Bildung und Menge der Ackererde über der Kreideformation. | Wurmexkremente werden häufig in außerordentlicher Anzahl auf steilen mit Gras bedeckten Abhängen, da, wo die Kreide dicht an die Oberfläche heraufkommt, ausgeworfen, wie mein Sohn William in der Nähe von Winchester und an anderen Orten beobachtet hat. Wenn derartige Exkrementmassen in großem Maß während heftiger Regen fortgewaschen werden, so ist es schwer, auf den ersten Blick einzusehen, in welcher Weise überhaupt irgendwelche Ackererde auf unseren Dünen bleiben kann, da keine in die Augen fallenden Mittel, den Verlust zu ersetzen, vorhandenzusein scheinen. Überdies ist noch eine andere Ursache zu weiterem Verlust vorhanden, nämlich das Durchsickern der feineren Erdpartikel in die Spalten der Kreide und in die Kreide selbst. Diese Betrachtungen ließen mich eine Zeit lang zweifeln, ob ich die Menge feiner Erde, welche an grasbedeckten Abhängen in der Form von Wurmexkrementen hinabfließt oder -rollt, nicht etwa übertrieben hätte; und ich sah mich daher nach weiterer Information um. An einigen Stellen bestehen die Wurmexkremente auf Kreidedünen zum größten Teil aus kalkiger Substanz; und in Bezug auf diese ist natürlich die Zufuhr unbegrenzt. An anderen Stellen aber, beispielsweise auf einem Teil von Teg Down in der Nähe von Winchester, waren die Exkrementmassen sämtlich schwarz und brausten auch nicht mit Säuren auf. Die Schicht von Ackererde über der Kreide war hier nur von 3 bis 4 Zoll Dicke. So war ferner auf der Ebene bei Stonehenge der augenscheinlich von kalkiger Substanz freie Humus von einer mittleren Dicke von 3 ½ Zoll. Warum die Regenwürmer an einigen Stellen in die Kreide einbohren und solche heraufschaffen, an anderen Stellen nicht, weiß ich nicht.

In vielen Distrikten, wo das Land nahezu eben ist, liegt eine Schicht von rotem Ton, voll von nicht abgeriebenen Feuersteinen, in einer Mächtigkeit von mehreren Fuß auf der oberen Kreide. Diese aufliegende Masse, deren Oberfläche in Ackererde umgewandelt worden ist, besteht aus dem unaufgelösten Rückstand aus der Kreide. Es dürfte zweckmäßig sein, hier noch einmal an den Fall zu erinnern, wo Kreidebruchstücke auf einem meiner Felder unter Wurmexkrementen begraben wurden, wobei die Kanten und Ecken der Fragmente im Verlauf von 29 Jahren so vollständig abgerundet waren, dass dieselben im Wasser glatt geriebenen Geschiebesteinen ähnlich waren. Dies muss durch die Kohlensäure im Regen und im Boden, durch die Humussäuren und durch die korrodierende Kraft lebender Wurzeln bewirkt worden sein. Warum nicht eine dicke Masse von Rückstand auf der Kreide da zurückgelassen worden ist, wo nur immer das Land nahezu eben ist, dürfte vielleicht durch das Einsinken der feinen Partikel in die Spalten zu erklären sein, welche häufig in der Kreide vorhanden sind und welche entweder offen oder mit unreiner Kreide angefüllt sind, oder auch durch das Einsickern der Partikel in die solide Kreide selbst. Dass ein derartiges Perkolieren vorkommt, kann kaum bezweifelt werden. Mein Sohn sammelte etwas gepulverte und in Fragmente zerbröckelte Kreide unterhalb des Rasens bei Winchester; wie Colonel Parsons, R. E., fand, enthielt die Erstere 10 Prozent, und enthielten die Fragmente 8 Prozent erdiger Substanz. Auf den Seiten der Böschungen in der Nähe von Abinger in Surrey ergab etwas Kreide dicht unter einer Schicht Feuersteine von 2 Zoll Mächtigkeit und bedeckt von einer 8 Zoll dicken Humusschicht 3,7 Prozent erdiger Substanz. Auf der anderen Seite enthält eigentlich die obere Kreide, wie mir der verstorbene David Forbes mitteilte, welcher viele Analysen angestellt hat, nur 1 bis 2 Prozent erdiger Substanz; und zwei Proben aus Gruben in der Nähe meines Hauses enthielten 1,3 und 0,6 Prozent. Ich erwähne diese letzteren Fälle deshalb, weil ich mir wegen der Mächtigkeit der darüberliegenden Schicht roten Tons mit Feuersteinen vorgestellt hatte, dass die darunterliegende hier weniger rein sein dürfte als an anderen Stellen. Die Ursache, dass sich der Rückstand mehr an manchen Stellen anhäuft als an anderen, dürfte dem zugeschrieben werden, dass eine Schicht tonhaltiger Masse zu einer früheren Periode auf der Kreide zurückgelassen worden ist und dass diese das spätere Einsinken erdiger Substanz in dieselbe verhinderte.

Aus den nun mitgeteilten Tatsachen dürfen wir schließen, dass die auf unsere Kreidedünen ausgeworfenen Wurmexkremente einen gewissen Verlust durch das Einsickern ihrer feineren Substanz in die Kreide erleiden. Wenn aber solche unreine oberflächliche Kreide aufgelöst werden würde, würde sie einen größeren Vorrat von erdiger Substanz zurücklassen, welche zu der Ackererde hinzukäme, als in dem Fall von reiner Kreide. Außer dem durch das Einsickern verursachten Verlust wird auch sicher etwas feine Erde die geneigte, mit Gras bedeckte Fläche unserer Dünen hinabgewaschen. Der Abwaschungsprozess wird indessen im Verlauf der Zeit aufgehalten werden; denn obgleich ich nicht weiß, eine wie dünne Schicht von Ackererde hinreicht, Würmer zu unterhalten, so muss doch zuletzt eine Grenze erreicht werden; und dann würden die Exkremente aufhören ausgeworfen zu werden oder sie würden selten werden.

Die folgenden Fälle weisen nach, dass eine beträchtliche Menge feiner Erde herabgewaschen wird. Es wurde die Dicke der Ackererdeschicht an einzelnen, 12 Yards auseinanderliegenden Punkten quer über ein kleines Tal in der Kreide in der Nähe von Winchester gemessen. Die Hänge fielen anfangs sehr sanft ab; dann neigten sie sich unter einem Winkel von ungefähr 20° und dann wieder sanfter bis in die Nähe des Talgrundes, welcher querüber beinahe eben war und ungefähr 50 Yards maß. Auf dem

Grund betrug die Dicke der Humusschicht im Mittel aus 5 Messungen 8,3 Zoll, während an den Seiten des Tals, wo die Neigung zwischen 14° und 20° betrug, die mittlere Dicke des Humus etwas weniger als 3,5 Zoll maß. Da der mit Rasen bedeckte Grund des Tals unter einem Winkel von nur zwischen 2° und 3° sich senkte, so ist es wahrscheinlich, dass der größte Teil der Humusschicht von 8,3 Zoll von den Seitenhängen des Tals, und nicht von dem höheren Teil herabgewaschen worden war. Da aber ein Schäfer angab, dass er gesehen habe, wie in diesem Tal nach plötzlich eingetretenem Tauen des Schnees Wasser geflossen sei, so ist es wohl möglich, dass etwas Erde auch von dem oberen Teil herabgebracht worden ist oder andererseits, dass etwas davon im Tal weiter hinabgeschafft worden ist. In einem benachbarten Tal wurden mit Bezug auf die Mächtigkeit der Humusschicht ganz ähnliche Resultate erhalten.

St. Catherine's Hill, in der Nähe von Winchester, ist 327 Fuß hoch und besteht aus einem steilen Kreidekegel von ungefähr einer Viertel Meile im Durchmesser. Der obere Teil wurde von den Römern oder, wie einige meinen, von den alten Briten in ein umwalltes Lager verwandelt, dadurch dass ganz ringsherum ein tiefer und breiter Graben ausgehöhlt wurde. Der größte Teil der während dieser Arbeit entfernten Kreide wurde aufwärtsgeworfen, wodurch ein nach oben vorspringender Rand gebildet wurde; und dieser verhindert es sehr wirksam, dass Wurmexkremente (welche an einzelnen Stellen zahlreich vorhanden sind), Steine und andere Gegenstände in den Graben hinabgewaschen oder -gerollt werden. Es ergab sich, dass die Humusschicht auf dem oberen und befestigten Teil des Berges an den meisten Stellen eine Dicke von nur 2½ bis 3½ Zoll besaß, während sie sich am Fuß der Umwallung oberhalb des Grabens an den meisten Stellen bis zu einer Dicke von 8 bis 9 ½ Zoll angehäuft hatte. Auf dem Wallrand selbst maß die Humusschicht nur 1 bis 1 ½ Zoll in der Dicke, und innerhalb des Grabens am Boden schwankte sie von 2 ½ bis 3 ½ Zoll, war aber an einer Stelle 6 Zoll dick. Auf der nordwestlichen Seite des Berges war entweder niemals oberhalb des Grabens ein solcher wallartiger Rand aufgeworfen, oder er war später entfernt worden, sodass hier nichts vorhanden war, was es hätte verhindern können, dass Wurmexkremente, Erde und Steine in den Graben hinabgewaschen wurden, auf dessen Grund die Ackererde eine Schicht von 11 bis 22 Zoll Dicke bildete. Es muss indes angegeben werden, dass hier und an anderen Stellen des Abhangs die Ackererdeschicht häufig Fragmente von Kreide und Feuersteinen enthielt, welche offenbar zu verschiedenen Zeiten von oben herabgerollt waren. Auch die Zwischenräume zwischen den darunterliegenden Kreidebruchstücken waren mit Ackererde ausgefüllt.

Mein Sohn untersuchte die Oberfläche dieses Berges bis zu seinem Fuß in einer südwestlichen Richtung. Unterhalb des großen Grabens, wo die Neigung des Abhangs ungefähr 24° betrug, war die Humusschicht sehr dünn, nämlich von 1 ½ bis 2 ½ Zoll, während näher nach dem Fuß hin, wo die Neigung nur 3° bis 4° maß, sie bis zu zwischen 8 und 9 Zoll Dicke zunahm. Wir dürfen daher folgern, dass auf diesem künstlich modifizierten Berg ebenso wie in den natürlichen Tälern der benachbarten Kreidedünen etwas feine Erde, welche wahrscheinlich zum größten Teil von Wurmexkrementen herrührt, herabgewaschen wird und sich auf der tieferliegenden Stelle anhäuft, trotz dem Durchsickern einer nicht bekannten Menge in die darunterliegende Kreide; ein Vorrat frischer erdiger Substanz wird dabei durch Auflösung der Kreide durch die Einwirkung atmosphärischer und anderer Agentien dargeboten.

Siebentes Kapitel.

Schluss.

Zusammenfassung der Rolle, welche Regenwürmer in der Geschichte der Erde gespielt haben. | Ihre Hilfe beim Zersetzen der Gesteine, | bei der Abtragung des Landes, | bei der Erhaltung antiker Baureste, | bei der Vorbereitung des Bodens für das Wachstum der Pflanzen. | Geistige Kräfte der Regenwürmer. | Schluss.

Die Regenwürmer haben in der Geschichte der Erde eine bedeutungsvollere Rolle gespielt, als die meisten auf den ersten Blick annehmen dürften. In beinahe allen feuchten Ländern sind sie außerordentlich zahlreich und besitzen im Verhältnis zu ihrer Körpergröße bedeutende Muskelkraft. In vielen Teilen von England geht auf jedem Acre von Land ein Gewicht von mehr als 10 Tonnen (10.516 Kilogramm) trockener Erde jährlich durch ihren Körper und wird an die Oberfläche geschafft, sodass die ganze oberflächliche Schicht vegetabilischer Ackererde im Verlauf weniger Jahre wieder durch ihren Körper durchgeht. Infolge des Zusammenfallens der alten Wurmröhren ist die Ackererde in beständiger, wennschon langsamer Bewegung, und die dieselbe zusammensetzenden Teilchen werden hierdurch gegeneinander gerieben. Mittels dieser Vorgänge werden beständig frische Oberflächen der Einwirkung der Kohlensäure im Boden, ebenso auch der der

Humussäuren ausgesetzt, welche bei der Zersetzung der Gesteine noch wirksamer zu sein scheinen. Die Erzeugung der Humussäuren wird wahrscheinlich während der Verdauung der vielen halb zersetzten Blätter, welche die Regenwürmer verzehren, beschleunigt. In dieser Weise werden die Erdteilchen, welche die oberflächliche Humusschicht bilden, Bedingungen ausgesetzt, welche ihrer Zersetzung und ihrem Zerfall ganz eminent günstig sind. Überdies erfahren auch die Teilchen der weicheren Gesteinsarten einen gewissen Grad von Zerkleinerung in den Muskelmägen der Regenwürmer, in welchen kleine Steinchen wie Mühlsteine wirken.

Wenn die fein abgeglätteten Wurmexkremente in einem feuchten Zustand an die Oberfläche gebracht werden, fließen sie während regnerischen Wetters jeden mäßigen Abhang hinab, und die kleineren Teilchen selbst werden auf einer nur sanft geneigten Fläche weit hinabgewaschen. Wenn die Wurmexkremente trocknen, zerbröckeln sie oft in kleine Kügelchen, und diese rollen dann gern auf jeder geneigten Fläche hinab. Wo das Land vollkommen eben und mit Pflanzenwuchs bedeckt ist und wo das Klima feucht ist, sodass nicht viel Staub fortgeweht werden kann, da erscheint es auf den ersten Blick unmöglich, dass in der Luft eintretende Abtragung des Landes in einem irgendwie wahrnehmbaren Grad vorkommen sollte; Wurmexkrementmassen werden aber, besonders wenn sie feucht und klebrig sind, von den vorherrschenden Winden, welche mit Regen begleitet sind, in einer gleichförmigen Richtung weitergeweht. Auf diesen verschiedenen Wegen wird die oberflächliche Humusschicht daran gehindert, sich bis zu einer bedeutenden Mächtigkeit anzuhäufen; und eine dicke Schicht von Humus hemmt auf vielerlei

Weise die Zersetzung der darunterliegenden Gesteine und Gesteinsfragmente.

Die Entfernung der Wurmexkremente durch die oben erwähnten Mittel führt zu Resultaten, welche bei weitem nicht bedeutungslos sind. Es ist nachgewiesen worden, dass eine Erdschicht von 0,2 Zoll Mächtigkeit an vielen Orten jährlich auf einem Acre an die Oberfläche gebracht wird, und wenn auch nur ein kleiner Teil dieser Menge selbst eine kleine Strecke weit auf jeder geneigten Fläche abwärtsfließt, -rollt oder -gewaschen wird oder wiederholt nach einer Richtung hin geweht wird, so wird im Verlauf der Jahrhunderte eine bedeutende Wirkung erzielt werden. Es wurde durch Messungen und durch Berechnungen ermittelt, dass auf einer Oberfläche mit einer mittleren Neigung von 9° 26' 2 4/10 Kubikzoll Erde, welche von Regenwürmern ausgeworfen worden war, im Verlauf eines Jahres eine horizontale Linie von einem Yard Länge überschritten, sodass 240 Kubikzoll über eine Linie von 100 Yards Länge nach unten vorrücken werden. Diese letztere Masse würde im feuchten Zustand 11½ Pfund wiegen. In dieser Weise bewegt sich ein beträchtliches Gewicht Erde beständig auf jeder Seite eines jeden Tales abwärts und wird mit der Zeit den Grund desselben erreichen. Endlich wird diese Erde von den in den Tälern fließenden Bächen und Strömen in den Ozean, dieses große Reservoir für alle vom Land abgetragene Substanz hinabgeschafft werden. Nach der jährlich vom Mississippi in das Meer abgelieferten Sedimentmasse ist bekannt, dass sein ungeheuer großes Entwässerungsgebiet im Lauf eines Jahres um 0,00263 Zoll erniedrigt wird; und dies würde hinreichen, in viereinhalb Millionen Jahren das ganze Entwässerungsgebiet auf das Niveau des Meeresufers herabzubringen. Wenn daher ein kleiner Bruchteil der Schicht feiner Erde von 0,2 Zoll Mächtigkeit, welche jährlich von den Regenwürmern an die Oberfläche gebracht wird, fortgeschafft wird, so wird notwendigerweise innerhalb einer Periode, welche kein Geologe für äußerst lang ansehen würde, ein großes Resultat hervorgebracht werden.

Die Archäologen sollten den Regenwürmern dankbar sein, da sie für eine ganz unbestimmt lange Zeit jeden nicht der Zersetzung unterliegenden Gegenstand, welcher auf die Oberfläche gefallen ist, durch das Eingraben desselben unter ihre Exkrementmassen schützen und bewahren. In dieser Weise sind auch viele elegante und merkwürdige getäfelte Pflaster und andere antike Reste erhalten worden, obschon ohne Zweifel in diesen Fällen die Regenwürmer in großem Maß dadurch unterstützt worden sind, dass Erde von dem benachbarten Land, besonders wenn sich dasselbe in Kultur befand, herabgewaschen oder -geweht worden ist. Selbst alte, massive Mauern können unterminiert und zum Einsinken gebracht werden; und in dieser Hinsicht ist kein Gebäude sicher, wenn nicht die Fundamente 6 oder 7 Fuß tief unter der Oberfläche liegen, in einer Tiefe, in welcher die Regenwürmer nicht arbeiten können. Es ist wahrscheinlich, dass viele Monolite und manche alten Mauern deshalb umgestürzt sind, weil sie von Regenwürmern unterminiert waren.

Würmer bereiten den Boden in einer ausgezeichneten Weise für das Wachstum der mit Wurzelfasern versehenen Pflanzen und für Sämlinge aller Arten vor. Sie exponieren die Ackererde periodisch der Luft und sieben sie so durch, dass keine Steinchen, welche größer sind als die Partikel, die sie verschlucken können, in ihr übrig bleiben. Sie mischen das Ganze innig durcheinander, gleich einem Gärtner, welcher feine Erde für seine ausgesuchtesten Pflanzen zubereitet. In diesem Zustand ist sie gut dazu geeignet, Feuchtigkeit zurückzuhalten und alle löslichen Substanzen zu absorbieren, ebenso auch für den Prozess der Salpetererzeugung. Die Knochen toter Tiere, die härteren Teile von Insekten, die Schalen von Landmollusken, Blätter, Zweige u. s. w. werden in kurzer Zeit sämtlich unter den sich auf ihnen anhäufenden Exkrementmassen der Regenwürmer begraben und in dieser Weise in einem mehr oder weniger zersetzten Zustand in erreichbare Nähe für die Pflanzenwurzeln gebracht. Regenwürmer ziehen gleichfalls eine unendliche Anzahl abgestorbener Blätter und anderer Pflanzenteile in ihre Röhren, zum Teil zum Zweck, dieselben damit zuzustopfen, zum Teil aber auch zur Nahrung.

Die Blätter, welche zur Nahrung in die Wurmröhren gezogen werden, werden, nachdem sie in die feinsten Fäden zerrissen, teilweise verdaut und mit den Absonderungsflüssigkeiten des Darms und der Harnorgane gesättigt sind, mit viel Erde gemischt. Diese Erde bildet dann den dunkel gefärbten reichen Humus, welcher beinahe überall die Oberfläche des Landes mit einer ziemlich scharf umschriebenen Schicht oder einem Mantel bedeckt. V. Hensen[80] brachte zwei Würmer in ein Gefäß von 18 Zoll Durchmesser, welches mit Sand gefüllt war, auf welchen Blätter gestreut wurden; dieselben wurden sehr bald bis zu einer Tiefe von 3 Zoll in die Wurmröhren gezogen. Nach ungefähr 6 Wochen war eine beinahe gleichförmige Schicht von Sand in einer Dicke von einem Zentimeter (0,4 Zoll engl.) dadurch

80 Zeitschr. f. wiss. Zool. 28. Bd. 1877. S. 360.

in Humus umgewandelt, dass er durch den Darmkanal dieser zwei Würmer hindurchgegangen war. Von einigen Personen wird angenommen, dass die Wurmröhren, welche häufig den Boden beinahe senkrecht bis zu einer Tiefe von 5 oder 6 Fuß durchbohren, wesentlich zu seiner Entwässerung beitragen, obwohl die über den Mündungen der Röhren aufgehäuften zähen Exkrementmassen das Regenwasser verhindern oder aufhalten, direkt in die Röhren zu dringen. Sie lassen die Luft tief in den Boden hinabdringen. Sie erleichtern auch bedeutend das Hinabdringen der Wurzeln mäßiger Größe; und diese werden durch den Humus, mit welchem die Wurmröhren ausgekleidet sind, ernährt werden. Viele Samenkörner verdanken ihre Keimung dem Umstand, dass sie mit Wurmexkrementen bedeckt wurden; andere, bis zu einer beträchtlichen Tiefe unter aufgehäuften Exkrementmassen begraben, liegen schlafend dort, bis sie in irgendeiner zukünftigen Zeit zufällig entblößt werden und keimen.

Regenwürmer sind nur kümmerlich mit Sinnesorganen versehen, denn man kann nicht sagen, dass sie sehen, obgleich sie so eben noch zwischen Hell und Dunkel unterscheiden können; sie sind vollkommen taub und haben nur ein schwaches Riechvermögen; nur der Gefühlssinn ist gut entwickelt. Sie können daher nur wenig von der sie umgebenden Welt erfahren, und es ist überraschend, dass sie beim Auskleiden ihrer Röhren mit ihren Exkrementen und mit Blättern und, bei manchen Spezies, beim Aufhäufen ihrer Exkrementmassen zu turmartigen Gebäuden einiges Geschick entwickeln. Es ist aber noch weit überraschender, dass sie in der Art und Weise, wie sie die Mündungen ihrer Röhren zustopfen, augenscheinlich einen gewissen

Grad von Intelligenz darbieten, anstatt einem bloßen blinden instinktiven Antrieb zu folgen. Sie verfahren dabei nahezu in derselben Weise, wie ein Mensch es tun würde, welcher eine zylindrische Röhre mit verschiedenen Arten von Blättern, Blattstielen, Papierdreiecken u. s. w. zu schließen hätte; denn sie ergreifen gewöhnlich solche Gegenstände bei ihren spitzen Enden. Aber bei dünnen Gegenständen wird eine gewisse Anzahl bei dem breiten Ende hineingezogen. Sie handeln nicht in allen Fällen in ein und derselben unveränderlichen Art und Weise, wie es die meisten niederen Tiere tun; sie ziehen beispielsweise Blätter nicht bei den Stielen ein, wenn nicht der Basalteil der Blattscheibe so schmal wie der Spitzenteil oder schmäler ist.

Wenn wir eine weite mit Rasen bedeckte Fläche betrachten, so müssen wir dessen eingedenk sein, dass ihre Glätte, auf welcher ihre Schönheit in einem so hohen Grad beruht, hauptsächlich dem zuzuschreiben ist, dass alle die Ungleichheiten langsam von den Regenwürmern ausgeebnet worden sind. Es ist wohl wunderbar, wenn wir uns überlegen, dass die ganze Masse des oberflächlichen Humus durch die Körper der Regenwürmer hindurchgegangen ist und alle paar Jahre wiederum durch sie hindurchgehen wird. Der Pflug ist eine der allerältesten und wertvollsten Erfindungen des Menschen; aber schon lange ehe er existierte, wurde das Land durch Regenwürmer regelmäßig gepflügt und wird fortdauernd noch immer gepflügt. Man kann wohl bezweifeln, ob es noch viele andere Tiere gibt, welche eine so bedeutungsvolle Rolle in der Geschichte der Erde gespielt haben wie diese niedrig organisierten Geschöpfe. Indessen haben einige andere noch niedriger organisierte Tiere, nämlich die Korallen, bei weitem in die Augen fallendere Tätigkeit darin entfaltet, dass sie unzählige Riffe und Inseln in den großen Weltmeeren gebaut haben; diese sind aber beinahe ganz auf die tropischen Zonen beschränkt.

Zusätze.

Zu S. 27 Z. 4 von unten (»und daher ihre Höhlen verließen«). Nach einer Schilderung, welche ich erhalten habe, zweifle ich nicht, dass sie dies tun, wenn sie von Maulwürfen verfolgt werden; ein Herr teilt mir aber mit, dass er vor Kurzem 8 oder 10 Regenwürmer ihre Höhlen verlassen und über das Gras auf etwas schwammigem Land umherkriechen gesehen hat, auf welchem zwei Männer eben herumgetreten waren, während sie eine Falle aufstellten; und dies ereignete sich in einem Teil von Irland, wo sich keine Maulwürfe finden.

Zu S. 50 Z. 11 von unten. Sie arbeiten zuweilen so energisch, dass Mr. D. F. Simpson, welcher in Bayswater einen kleinen ummauerten Garten besitzt, wo Regenwürmer äußerst zahlreich sind, mitteilt, er habe dort an einem windstillen feuchten Abend ein so außerordentliches raschelndes Geräusch von unter einem Baum her, von welchem viele Blätter abgefallen waren, gehört, dass er mit einem Licht hinausgegangen sei und da entdeckt habe, dass das Geräusch dadurch verursacht wurde, dass viele Regenwürmer die trockenen Blätter fortschleppten und sie in ihre Röhren hineinzwängten. Nicht nur Blätter, sondern auch Blattstiele vieler Arten u. s. w.

Zu S. 54 Z. 5–16 von oben (Anstatt: »Können die Pfröpfe« etc. zu lesen:) Es ist nicht wahrscheinlich, dass die Pfröpfe oder die Steinhaufen dazu dienen, die Röhren vor den Scolopendren zu verbergen, welche nach der Angabe von Hoffmeister[4] die bittersten Feinde der Regenwürmer sind, oder vor den großen Spezies von *Carabus,* welche dieselben wütend angreifen; denn diese Tiere sind nächtliche Tiere und die Wurmröhren des Nachts geöffnet. Könnten nicht die Regenwürmer, wenn die Mündung ihrer Röhren in dieser Weise geschützt ist, imstande sein, mit Sicherheit mit ihren Köpfen dicht an denselben zu bleiben u. s. w.

Zu S. 54 Z. 16 von oben (»Ich bin geneigt …«). Mr. Parfitt sprach die Vermutung gegen mich aus, dass die Mündungen der Wurmröhren deshalb geschlossen werden, damit die Luft innerhalb derselben durch und durch feucht erhalten werde, und dies scheint mir die allerwahrscheinlichste Erklärung der Gewohnheit zu sein.

Zu S. 54 Z. 7 von unten das Wort »vielleicht« zu streichen.

Zu S. 121 Z. 8 von oben. The Rev. Mr. Zinke teilt mir mit, dass er vor Kurzem einen Obstgarten bis zu der ungewöhnlichen Tiefe von 4 Fuß hat umgraben lassen. Die oberen 18 Zoll bestanden aus dunkel gefärbter vegetabilischer Ackererde und die nächsten 18 Zoll aus sandigem Lehm, welcher im unteren Teil viele abgerollte Sandsteinstücke mit einigen Stückchen von Ziegeln und Fliesen wahrscheinlich römischen Ursprungs enthielt, da Überreste aus dieser Zeit dicht dabei gefunden worden sind. Der sandige Lehm lag auf einer erhärteten eisenschüssigen Lage gelben Tons, auf deren Oberfläche zwei vollkommene Feuersteinwerkzeuge gefunden wurden. Wenn diese letzteren, wie es wahrscheinlich zu sein scheint, ursprünglich auf der Oberfläche des Landes liegen geblieben waren, so sind sie seitdem mit einer Schicht Erde von 3 Fuß Mächtigkeit bedeckt worden, welche wahrscheinlich alle durch den Körper der Regenwürmer hindurchgegangen ist mit Ausnahme der Steine, welche zu verschiedenen Zeiten auf der Oberfläche verstreut worden sein dürften zusammen mit Dünger oder auf anderem Wege. Auf andere Weise ist es schwer, die Herkunft der 18-zölligen Schicht sandigen Lehms zu verstehen, welcher von der darüberliegenden dunklen vegetabilischen Ackererde, nachdem beide verbrannt worden waren, nur darin abwich, dass er von einer hellen roten Farbe und nicht so feinkörnig war. Aber nach dieser Ansicht müssen wir annehmen, dass der Kohlenstoff in der vegetabilischen Ackererde, wenn sie in einer geringen Tiefe unter der Oberfläche liegt und nicht beständig von oben her zerfallende vegetabilische Substanz erhält, seine dunkle Farbe im Lauf der Jahrhunderte verliert; ob dies aber wahrscheinlich ist, weiß ich nicht.

Warum dieses Buch?

Editorische Notiz von Benedikt Föger

Charles Darwin (1809–1882) war nie unumstritten. Wann immer der Wissenschaftler und Denker eine neue Erkenntnis hatte, eine neue Theorie entwickelte oder einen neuen Beweis erbrachte, gab es eine Unzahl von Schülern, Kollegen und Konkurrenten, denen es gelang, Darwins Leistungen zu ergänzen, anders zu interpretieren oder zu widerlegen. Und das blieb auch nach Darwins Tod vor über hundert Jahren so. Was weiß man nicht alles, wo Darwin überall irrte oder falsch lag! Ganze Bücher wurden und werden damit gefüllt, ganze wissenschaftliche Karrieren bauten und bauen darauf auf.

Dabei revolutionierte Darwin nicht nur die Evolutionstheorie, sondern beeinflusste als Universalgelehrter und Weltreisender unser Verständnis der Natur und unserer Umwelt auf vielfältige Weise. Es gibt heute kaum einen Biologen, der nicht in irgendeinem Stadium seiner wissenschaftlichen Karriere auf den vor 200 Jahren geborenen Charles Darwin stößt und dessen Erkenntnisse hilfreich findet.

Ich kann diese Erfahrung aus der Zeit meines Biologiestudiums persönlich bestätigen, und mit ihr schließt sich auch der Kreis zur Entstehungsgeschichte der Neuauflage dieses Buches.

Als ich 1992 in einer Forschungsgruppe an der Universität Oxford zu arbeiten begann, war es unsere Aufgabe, nach Faktoren zu suchen, die die Raumnutzung bestimmter Tierarten beeinflussen. Das Ziel war, daraus Empfehlungen für die künftige Stilllegung landwirtschaftlicher Nutzflächen ableiten zu können.

Die Tierart, mit der ich mich beschäftigte, waren Igel. Igel sind nachtaktiv und ernähren sich in bestimmten Habitaten fast ausschließlich von Regenwürmern. Ich musste mich daher auch mit Regenwürmern beschäftigen und begab mich auf Literatursuche. Schnell war klar, dass nicht sehr viel Literatur über Regenwürmer existierte. Das aktuellste Buch in der Institutsbibliothek zu dem Thema stammte aus dem Jahr 1972 und war für meine Zwecke nicht sonderlich brauchbar. Ich benötigte kein rein wissenschaftliches Werk, sondern etwas Grundsätzliches, das das Verhalten und die Lebensweise von Regenwürmern beschrieb und Rückschlüsse für meine Arbeit mit den Igeln zuließ.

Nach erfolgloser Literatursuche wendete ich mich einem anderen Problem zu, das einer Lösung harrte. Ich wollte die Größe und somit das ungefähre Alter der Igel feststellen. Dazu brauchte ich einen Indikator, um die Größe von Wirbeltieren mit ihrem Gewicht in Zusammenhang bringen zu können. Lebende Igel sind nämlich leicht zu wiegen und ihr Gewicht leicht festzustellen, es ist aber so gut wie unmöglich, sie von Kopf bis Fuß abzumessen, da sie sich bei Gefahr einkugeln. Ihr Körpergewicht schwankt aber im Jahresverlauf stark und ist von vielen externen Faktoren abhängig. Ich beschloss daher, zusätzlich zum Gewicht der Tiere auch die Länge ihrer Mittelfußknochen zu messen, was herausfordernd, aber möglich war.

Ein Kurator am Londoner Naturhistorischen Museum erinnerte sich bei meinen Recherchen an eine einzige entsprechende Arbeit an Tauben, wo die Länge von Knochen gemeinsam mit dem Gewicht der Tiere protokolliert worden war. Ich fuhr also nach London und ließ mir von ihm einen Karton aushändigen, der die Taubenknochen gemeinsam mit einer Liste ihres Lebendgewichtes enthalten sollte. Der Karton war alt und wie in einem Archiv üblich mit einer Schnur mit einem speziellen Knoten zugebunden, damit der Archivar jede Öffnung autorisieren und auf einer am Karton angebrachten Liste mit Datum und Namen eintragen kann. Der Knoten war unversehrt und die entsprechende Liste leer, ein Zeichen dafür, dass niemand sich je wieder für den Inhalt interessiert hatte, nachdem er hier abgelegt worden war. Wir öffneten den Karton, in dem die Taubenknochen fein säuberlich in einzelnen beschrifteten Papierkuverts untergebracht waren. Dazu gab es eine handschriftliche Liste mit dem Gewicht der Tiere. Die Kopfzeile der Liste bildeten wie üblich die Informationen zu den Sammlungsumständen. Neben Ort und Datum der Sammlung war auch der Name des Sammlers angeführt: Charles Darwin.

Der Kurator verschloss die Schachtel wieder und teilte mir mit britischer Coolness und Bedauern mit, er müsse nun leider den Direktor von diesem Fund informieren, da das seine Kompetenzen übersteige. Womöglich hatte noch niemand vor uns diese Schachtel je geöffnet, seit Darwin die Knochen hineingelegt hatte, und das sei möglicherweise von großem wissenschaftlichen oder zumindest wissenschaftshistorischen Interesse.

Beim Hinausgehen zeigte ich meine Verwunderung, dass Darwin sich auch mit Tauben befasst hatte, woraufhin der Kurator entgegnete, Darwin hätte sich sogar mit Regenwürmern beschäftigt und das bis heute gültige Standardwerk dazu verfasst. Es war genau das Buch, das ich für meine Arbeit brauchte, und es ist dieses Buch, das Ihnen hier in zeitgenössischer Übersetzung vorliegt.

Darwin war fasziniert von Regenwürmern, beobachtete ihr Verhalten und beschrieb ihre Biologie über Jahrzehnte hinweg. Legendär ist sein 29 Jahre andauerndes Experiment im Garten seines Wohnhauses in der Grafschaft Kent. Bei diesem beobachtete er, mit welcher Geschwindigkeit die Tätigkeit der Würmer einen auf der Wiese liegenden Mühlstein absinken lassen würde. Das vorliegende Buch ist das Ergebnis von 40 Jahren wissenschaftlicher Auseinandersetzung mit Regenwürmern und Charles Darwins letzte Buchveröffentlichung ein halbes Jahr vor seinem Tod. Angeblich verkaufte der Verlag im Jahr seiner Veröffentlichung über 6.000 Exemplare – wesentlich mehr als von Darwins berühmtesten Buch »On the Origin of Species«.

Nie war das Buch aktueller als heute, in Zeiten der versiegelten Landflächen, des exzessiven Einsatzes von Insektiziden und den Auswirkungen des Klimawandels, in denen man immer mehr erkennt, wie wichtig ein lebendiger, organismenreicher und gut durchlüfteter Boden für das gesamte Ökosystem ist.

Benedikt Föger ist Verleger des Czernin Verlags und Autor in Wien. Geboren 1970 in Ried i. I., Studium der Biologie und Germanistik in Wien. Forschungsaufenthalte an der Oxford University und in Uruguay. (»Die andere Seite des Spiegels – Konrad Lorenz und der Nationalsozialismus«, Czernin 2001 und »Konrad Lorenz – Biografie«, Zsolnay 2003, dtv 2009).

Charles Darwin,

geboren 1809 in Shrewsbury (UK), verstorben 1882 in Down (UK), gilt als einer der bedeutendsten Biologen unserer Zeit. Studium der Medizin (nicht abgeschlossen) und Theologie in Edinburgh und Cambridge. Nach einer Forschungsreise auf der *HMS Beagle* 1831–1836 begründete Darwin mit seinen Werken über die Entstehung der Arten die Evolutionstheorie. Im letzten Jahrzehnt widmete er sich verstärkt der Botanik, 1881 erschien sein letztes Buch: »Die Bildung der Ackererde durch die Tätigkeit der Würmer mit Beobachtungen über deren Lebensweise«.